总主编　林家阳

全国高等院校艺术设计专业
"十二五"规划教材

展示材料与搭建

周　韶　罗润来　编著

中国轻工业出版社 | 全国百佳图书出版单位

图书在版编目（CIP）数据

展示材料与搭建 / 周韶，罗润来编著. —北京：
中国轻工业出版社，2019.12
ISBN 978-7-5019-9676-6

Ⅰ．①展… Ⅱ．①周…②罗… Ⅲ．①展览会 – 工程
材料②展览会 – 设计 Ⅳ．①TB3②G245

中国版本图书馆CIP数据核字（2015）第098041号

责任编辑：毛旭林　秦　功
策划编辑：李　颖　毛旭林　　责任终审：张乃东　　版式设计：锋尚设计
封面设计：锋尚设计　　　　　责任校对：燕　杰　　责任监印：张　可

出版发行：中国轻工业出版社（北京东长安街6号，邮编：100740）
印　　刷：北京富诚彩色印刷有限公司
经　　销：各地新华书店
版　　次：2019年12月第1版第2次印刷
开　　本：870×1140　1/16　　印张：9
字　　数：300千字
书　　号：ISBN 978-7-5019-9676-6　　定价：48.00元
邮购电话：010-65241695
发行电话：010-85119835　传真：85113293
网　　址：http://www.chlip.com.cn
Email：club@chlip.com.cn
如发现图书残缺请与我社邮购联系调换
191439J2C102ZBW

序一
PROLOG 1

中国的艺术设计教育起步于 20 世纪 50 年代，改革开放以后，特别是 90 年代进入一个高速发展的阶段。由于学科历史短，基础弱，艺术设计的教学方法与课程体系受苏联美术教育模式与欧美国家 20 世纪初形成的课程模式影响，导致了专业划分过细，过于偏重技术性训练，在培养学生的综合能力、创新能力等方面表现出突出的问题。

随着经济和文化的大发展，社会对于艺术设计专业人才的需求量越来越大，市场对艺术设计人才教育质量的要求也越来越高。为了应对这种变化，教育部将"艺术设计"由原来的二级学科调整为"设计学"一级学科，既体现了对设计教育的重视，也体现了把设计教育和国家经济的发展密切联系在一起。因此教育部高等学校设计学类专业教学指导委员会也在这方面做了很多工作，其中重要的一项就是支持教材建设工作。此次由设计学类专业教指委副主任林家阳教授担纲的这套教材，在整合教学资源、结合人才培养方案，强调应用型教育教学模式、开展实践和创新教学，结合市场需求、创新人才培养模式等方面做了大量的研究和探索；从专业方向的全面性和重点性、课程对应的精准度和宽泛性、作者选择的代表性和引领性、体例构建的合理性和创新性、图文比例的统一性和多样性等各个层面都做了科学适度、详细周全的布置，可以说是近年来高等院校艺术设计专业教材建设的力作。

设计是一门实用艺术，检验设计教育的标准是培养出来的艺术设计专业人才是否既具备深厚的艺术造诣、实践能力，同时又有优秀的艺术创造力和想象力，这也正是本套教材出版的目的。我相信本套教材能对学生们奠定学科基础知识、确立专业发展方向、树立专业价值观念产生最深远的影响，帮助他们在以后的专业道路上走得更长远，为中国未来的设计教育和设计专业的发展注入正能量。

教育部高等学校设计学类专业教学指导委员会主任

中央美术学院　教授 / 博导　谭平

2013 年 8 月

序二

PROLOG 2

建设"美丽中国""美丽乡村"的内涵不仅仅是美丽的房子、美丽的道路、美丽的桥梁、美丽的花园,更为重要的内涵应该是贴近我们衣食住行的方方面面。好比看博物馆绝不只是看博物馆的房子和景观,而最为重要的应该是其展示的内容让人受益,因此"美丽中国"的重要内涵正是我们设计学领域所涉及的重要内容。

办好一所学校,培养有用的设计人才,造就出政府和人民满意的设计师取决于三方面的因素,其一是我们要有好的老师,有丰富经历的、有阅历的、理论和实践并举的、有责任心的老师。只有老师有用,才能培养有用的学生;其二是有一批好的学生,有崇高志向和远大理想,具有知识基础,更需要毅力和决心的学子;其三是连接两者纽带的,具有知识性和实践性的课程和教材。课程是学生获取知识能力的宝库,而教材既是课程教学的"魔杖",也是理论和实践教学的"词典"。"魔杖"即通过得当的方法传授知识,让获得知识的学生产生无穷的智慧,使学生成为文化创意产业的使者。这就要求教材本身具有创新意识。本套教材包括设计理论、设计基础、视觉设计、产品设计、环境艺术、工艺美术、数字媒体和动画设计八个方面的 50 本系列教材,在坚持各自专业的基础上做了不同程度的探索和创新。我们也希望在有限的纸质媒体基础上做好知识的扩充和延伸,通过教材案例、欣赏、参考书目和网站资料等起到一部专业设计"词典"的作用。

为了打造本套教材一流的品质,我们还约请了国内外大师级的学者顾问团队、国内具有影响力的学术专家团队和国内具有代表性的各类院校领导和骨干教师组成的编委团队。他们中有很多人已经为本系列教材的诞生提出了很多具有建设性的意见,并给予了很多方面的指导。我相信以他们所具有的国际化教育视野以及他们对中国设计教育的责任感,这套教材将为培养中国未来的设计师,并为打造"美丽中国"奠定一个良好的基础。

教育部职业院校艺术设计类专业教学指导委员会主任

同济大学　教授 / 博导　林家阳

2013 年 6 月

前言
FOREWORD

中国的展览业总量规模受益于国家宏观经济的发展壮大，目前已经位居世界前列，但我国展示设计水准，尤其是展览制作和搭建技术还与发达国家存在一些差距，面对绿色、环保、低碳的全球行业趋势，我们的展示设计教育特别需要认真研究新型展示材料、便捷而又可循环的搭建工序、精细化现场施工与工程项目管理，缩小与发达国家的差距。

作者执教的浙江纺织服装职业技术学院，作为国内较早一批创办展示设计专业的院校，多年来深入校企合作，推行工学结合、"展""课"联动教学改革，依托当地会展资源和办学优势，不断探索会展设计人才培养模式，逐渐积累和夯实专业课程体系与教材基本建设。

本教材编写注重实践，力求框架创新，应用性强。在清晰梳理展示材料与工程搭建工作任务与工作过程的同时，按照学生的认知学习规律，从基础到应用、从简单到复杂、从初级到高级安排出系列化、递进式的单元教学实训项目，以"设计—制作—搭建布展—撤展"工作过程体系整合序化教学内容，并对接《陈列展览设计员》国家职业资格标准组织教学环节，贯穿实训项目引导和任务驱动，以典型实训项目的流程步骤和大量实操图片实现教材图文并茂，直观易懂，提高学生的学习兴趣与效率。

本教材在编写过程中先后得到浙江省会展行业协会、宁波市会展业促进会、宁波柯莱达展览服务有限公司等会展机构和企业的大力支持，在此一并致谢。

本教材同时为2013年度浙江省科技计划项目《"展课联动"培养会展设计高技能人才的研究与实践》（项目编号2013R30034 ）、2013年度浙江省教育厅高职高专院校专业带头人专业领军项目《基于"展课联动"的高职会展设计人才培养模式研究》（项目编号lj2013111 ）的阶段性成果。

作者
2015年3月

课时安排

建议课时114

章　节	课　程　内　容	课　时	
第一章 概念与原则 （6课时）	一、课程基本概念	2	6
	二、展示工程的发展	2	
	三、展示工程的原则	2	
第二章 项目与实训 （100课时）	一、展示材料与设计应用		40
	1. 展览展示材料概述	4	
	2. 展示材料的分类和性能	12	
	3. 展示材料的运用	24	
	二、标准展位搭建		18
	1. 标准展位的基本构成	6	
	2. 标准展位的特点与搭建要求	6	
	3. 标准展位的搭建步骤	6	
	三、特装展位搭建		20
	1. 特装展位介绍	2	
	2. 特装展位搭建工艺	6	
	3. 特装展位的搭建步骤	12	
	四、展示工程管理		22
	1. 展示工程成本管理	12	
	2. 展示工程时间和进度管理	6	
	3. 展示工程质量管理	2	
	4. 展示工程安全和风险管理	2	
	五、综合实训周	机动	
第三章 展示工程案例 分析（8课时）	一、国外展示材料应用优秀案例	3	8
	二、国内展示材料应用优秀案例	3	
	三、学生优秀设计案例与分析	2	

目录
contents

第一章
概念与原则

第一节 课程基本概念

1. 设计与实现

展位设计和展位搭建能最大限度地展示产品的品质，体现公司的实力，达到吸引客人注意力、增加客人的信任度的目的，从而有效地促进业务交往。可以说，参加一次展会，展位搭建和布置的优劣，对是否能圆满达到参展的目的具有非常重要的作用。展台也是参展主题的载体，高水平的展台能够提升参展企业的水平。展台的大小、设计、外观必须尽善尽美，才能使企业在展览会中立于不败之地。评价一个展台是否成功的标准，不是看它的展台有多么华丽、奢侈，而是看它的沟通能力、它所表达的理念、展台所确定的功能性和展品本身的内涵。简单来说，就是要让观众看起来悦目、听起来悦耳，能够充分调动观众的情绪并能够充分地体现出企业的文化。优秀的展台设计能够帮助和加强参展公司及其产品在市场中所占的位置，这就要求设计师必须完成两个任务：首先，他所设计的展台模式和展示内容必须尽快被观众识别出来；其次，必须赋予展台和参展企业一种精神形象。若要达到这两个目的，其展台必须具有一定的创造性，而这种创造性不仅体现在设计思路上，而且需要通过展示用具体现出来。当今，展会的主办单位将搭建展台的时间压缩得越来越短。对于参展商来说，为了赶时间难以充分地考虑展台的设计和搭建，往往只能做一些基本的决策。这样，对于展台搭建商来说，为了完成设计和施工任务就必须经常加班，而现在，展馆通常都对八小时工作时间以外的开馆时间加收额外费用，所以加班时间和加班费也不是无偿的。时间对于展台搭建商，甚至可以说是越来越昂贵了。那么，如何在可利用的展会预算时间内解决时间和金钱的关系呢？除了展台搭建专家的创造性设计外，使用合适的搭建材料是解决这一问题的最佳途径。在实践当中，展台搭建商和参展商都十分欣赏使用系统组件来搭建展台。这种系统组件可塑性比较强，不需要大量的人力，而且可以将很独特的设计轻易地转为现实，从而赢得大量时间。此外，使用系统组件，还可以降低成本。它有具体的优势：因为前期制作不需要很多的人力，所以价格合理；便于运输和存放，安装又可以很精细，节约了大量人力、物力成本。同时，无论搭建还是拆除，所需工具都很简单。对企业来说，少花钱多办事最好。一言以蔽之，在保证效果的同时，算好经济账，尽可能使用新型的、可重复利用的展台材料。当然，这也需要展台设计和搭建人员更加具有想象力、创造性和灵活性。虽然说展会的时间很短，空间也很有限，但它产生的废弃物和垃圾却是非常可观的，所以展会废弃物和垃圾的处理就成了展会环境管理中很重要的一部分。而展会中布展材料的一次性使用，已经是个问题了，现在越来越多的展会主办者把垃圾的处理费作为一个单独的项目对参展商收费了。这样，如何尽量避免或减少产生废弃物和垃圾就成了每个展商必须考虑的经济因素。提前做好规划。在展台拆除时做好早期规划，是解决上述问题的一个方面。此外，尽可能循环利用展台搭建材料则成了最佳方式。而系统组件可以循环再利用，又利于环保，因为它们通常都是铝材，甚至现在出现了纸制替代品，即使用坏也可以很容易循环再利用。

特装的安全问题，长期以来与搭建公司的技术水平与图纸设计的合理与否有关。在会展业不断发展的今天，安全问题也在与会展一起发展。在各地展馆中，依然不时传出展台质量问题。如何规范搭建市场成为会展业的重中之重。

2. 材料和选用

在任何一项设计中，内容都是通过特定材料来体现的，设计的效果得以保证在很大程度上取决于材料的固有特性。材料本身具有极为复杂的特性，在探讨造型时，设计师必须了解和掌握材料的特性，正确地评价和运用材料，能动地使用物质技术条件，将材料性能发挥到最大限度。

材料决定了展示空间构成的形态、色彩、肌理等心理效能，也决定了展示空间构成造型物的加工和强度等物理（或化学）效能。在展示中可接触到的物体，都是由各种材料构成的，不同用途的物体需要与之相应的材料来构成。用砖石来构成设计，使之具有坚固的特性；用布料来构成布幔，使之具有飘逸轻柔的特性；用玻璃来构成窗户，使之具有透明采光的特性等。而用不同的材料来构成同一物体，也会给人不同的心理感受，如木制沙发能使人感觉古朴沉静，布艺沙发能使人感觉到亲切柔和，皮制沙发能使人感觉华贵富丽等。在展示设计中，对材质的感受是触觉、视觉的综合体验，因而，材料的使用重点不在于对物质原有的形态的利用，而在于使物体的表面状态让人通过视觉和触觉产生美感。为了实现这一目的，除了要研究材料本身的特性之外，还要研究材料的加工手段和方法，从而使材料在展示设计中发挥更好的效果。材料的装饰效果是由质感、线条和色彩构成的，质感要细腻、逼真，色彩要考虑空间用途、视觉感受。

3. 制作与搭建

如果说展览是一台戏，展览设计就是戏剧的主题思想。有的时候展商可以自己提出总体要求，而有的时候，展商可能没有提炼，需要展商与中介公司沟通后共同制定。现在国内的展览设计基本上还处于抄袭国外展览设计的阶段，可使用的材料及展商愿意承受的成本也与国际相差得非常远，所以在设计上一般都要考虑成本，其次再考虑创意。设计的基本框架应根据展商的行业属性、展出参观者群体、展览场地背景以及空间设定，露天展览在选材上还要考虑气候及安全

因素。展览设计在造型选择上几乎是无限的，以下是一些经验总结：

① 造型要考虑展位利用率的最大化；
② 造型应当符合参观对象的审美导向；
③ 造型要考虑人流心理及流向；
④ 造型还要考虑安全性；
⑤ 造型要考虑施工难度及成本因素；
⑥ 环保意识要融入其中；
⑦ 产品摆设布局的合理性；
⑧ 展馆及相关规定严禁使用的材料。

在展览设计上，材料的使用与选择也是关键。有些展览类别需要沉稳，而有的展览需要活泼，有的需要展现科技，有的需要显示环保，还有的需要表现艺术或者人文或者社会公益，总之，表现的主题对材质的选择是个考验，在这方面，会展中介机构比展商有专业优势。现代科技发展很快，新材料、新光源、新媒体层出不穷，而中介公司除可以敏锐地为展商提供展览设计趋势及对象的审美导向外，更可以为展商提供成本节约方法。

第二节　展示工程的发展

1. 从设计图纸到可实现

影响展台设计最终效果的六大因素。

1）建模

模型的精细度在很大程度上影响着最终渲染效果，因此建模越精细越好。

2）灯光的布置及大小

灯光不宜布得太平均，要有对比（灯光的颜色、大小），但也不能太乱，要有创意空间的主次、层次之分，光域网的运用也很关键（场景不同，光域网的运用也要不同），不要滥用光域网。

3）材质质感

材质质感的体现不仅仅指地板等模型的主体材质的质

感，一些细节部分的材质也应表现到位。同时还应注意材质颜色、光滑度、凹凸（粗糙面）、材质贴图的对比，这样画面效果才能更丰富。

4）色调的搭配

即材质及灯光色调的搭配，在一幅图中，材质及灯光的色调不仅要有对比，还应协调统一。首先场景应该有一个整体的色调，比如，冷色调或暖色调，如场景是以冷色为主，可以在场景中加入少许暖色，使场景有一些对比。

5）构图

构图要把最精彩的部分展现出来，构图紧凑，要有疏密对比，还要注意点、线、面的结合运用以及虚实之分。

6）配景

它能在场景中起到补充和烘托的作用。配景要注意与整体场景相和谐，如光线方向、大小比例、整体色调等，切忌喧宾夺主。

2．从方案演示到优良实现

作为长期从事展台设计搭建的专业展览公司，每天都在纠结于展台设计创新，每天都在考虑怎么样用我们的设计去打动客户。什么样的设计方案才能打动客户，进而创造出相应的设计商业效益呢？我们的设计师常常在头疼客户提出要的是好的设计方案，那么什么是好的设计方案呢？这是个最浅显、最基本的问题，我们怎么样来讲我们的方案是好与差呢？在此提出以下几点"好"方案的评判标准，以资供大家参考：

1）完整性标准

整合而统一，是展示艺术的首要标准。形态统一、色彩统一、工艺统一、格调统一。总之，好的设计在艺术形式的秩序方面，都是十分明确的。

2）创造性标准

任何艺术活动的最终目的都在于创造。创造是新世纪的主要特征。展示设计的创造性主要表现在创意的新颖和艺术形象的独创性。

这个独特的形象给人以冲击、给人以震撼、给人以刺激，令人过目不忘，发挥最有效的市场作为，实现最有效的形象传播。这种创造涉及形式的定位、空间的想象、材料的选择、构造的奇特、色彩的处理、方式的新颖……

3）时代性标准

时代性标准也可称为观念性标准。时代的观念浸润着展示艺术设计的每一个细胞。在当代，展示设计应体现如下几种观点：新的综合观念、人本观念、时空观念、生态观念、系统观念、信息观念、高科技观念等。

4）行业性标准

也可称之为功能性标准。主要是讲形式和内容的统一性问题。"冶金"业的展台设计与"日化"业的展台设计不可能是一样的。

5）文化性标准

设计要有突显的风格和品位，其中地域和民族性的文化传统应当有自然而然的表现。体现出历史继承下发展的"有根"的特征。

6）环境性标准

这里面包含着两层意思。其一是任何一个美的客观存在都是在特定环境中实现的，好的设计必然是在充分研究"街坊四邻"、四周环境后的产物，必须与环境在形式上达到"相得益彰"；其二是任何一个好的设计都不会造成环境污染，都得符合"可持续发展"基本国策的要求。总之，好的展位设计应当是坚持了科学与艺术的统一、继承与创新的统一的设计，内容与形式的统一、整体与局部的统一的设计。若要非用一个别角度去评价展示设计好坏优劣的话，这个角度就是审美的角度。

3．从一次性使用到可循环再利用

尽管中国产品一向以价廉物美著称，但不可否认在整体形象上仍上不了多少档次。许多厂家除了在产品的设计和装潢包装上下工夫外，往往忽略了参展时展位的装饰，这也会对产品形象产生影响。在一些著名展会里，国内企业的摊位很多仍停留在"三板一桌加两凳"的水平，呆板且毫无新意。据统计，在大型展览里，过半数的参观买家在展场停留的时间不足8小时。而非常多的国外企业却能有效地吸引这些买家，在短短的时间内令买家对自己的产品留下很深刻印象。这除了由于产品质量可靠，设计大胆非常新颖外，别出心裁的摊位设计和装潢功不可没。现在流行的展示用具主要有3大类：一次性使用展具、循环便携式展具及循环租用式展具。

一次性使用展具一般是由较有实力和较具创意的展览工程公司为客户量身打造，所选材料多为木制品，优点是可因地制宜，通过千变万化甚至超越想象，随心所欲的造型来充分体现企业和产品的形象。但其不足之处是一旦成形就不易改变，而且单次使用价格非常高，通常不可多次使用。

循环租用式展具通常由于材料很贵，使用者并不必拥有器材的物权，可向专业展览工程公司租用。优点是结构坚固，器材耐用，通过钢制支架拼制造型，在三维视觉上丰富多变而且可随时更改，即使在同一次展会里亦可每日变样，不足之处是价格更高，不易携带。

最普遍使用的要数循环便携式展具。这种展具一般采用可折叠的支架辅以喷涂精美的宣传图片，既有流畅的整体线条而又不必拘于传统的三面围板式结构，能较突出地体现公司形象和传递产品信息。这种展具优点是价格相宜，便于携带，标准的展具拆卸折叠后一人就可以进行搬运，十分适合长途运输。外观上，它还可以在结构允许范围内改变开头也可以通过更新宣传图片以配合新产品。不足之处是变化不及其他两种器材多样化。总的来说，对国内一般厂家参展来说，较适合使用第3种便携式展示用具，只需不多的投入就可打破传统的形象宣传方式，而且可循环使用，做到物尽其用（图1-2-1）。

图1-2-1 便携式展示用具 / 常州灵通集团

第三节　展示工程的原则

如果一个展示设计师从业若干年后，经手过的每个展会结束后会发现，总会有一批装修得美轮美奂的展位在短短几小时内"土崩瓦解"。展位越大，花的钱越多，浪费就越严重。若想减少浪费，控制、降低展览装修的成本，就要从以下几个方面考虑。

1. 结构设计严谨，使展位能反复使用

展览装修设计方案的优劣，一般以"功能完善、形象突出、造型独特"作为评判标准，但"结构设计巧妙，展位能反复和更新使用"也是展装设计的重要方面。试想，一个房地产公司每年可能要参加"春交会""港交会""秋交会""住交会"四个展览，要是略微注意一下的话，可以节省许多成本。

2. 装修材料能省则省

展览装修不像公共装修和家庭装修一样要求耐久性，也不太考虑因时间和季节变化所造成的施工质量问题。展装的目标是在保证安全的前提下突出"效果"。在关键部位，如人流通道、人接触的部位及高耸展台等，要加厚材料来加固，而在次要部位用合资、国产材料，这也可以说是"量材录用"吧。

3. 事先考虑周全，避免施工中出偏差

如果缺乏布展经验，那么就很可能在布展时间内为小的失误疲于奔命，为大的错误改变施工方案。有的参展商在布展期间要求增加项目，这样就要加班。也许参展商不在乎增加的场地租金和工人的加班费，可是参展商如果事先和施工企业在设计和施工方面多一点时间沟通，不仅可节约资源，还可以树立起参展商和施工企业"高素质、高效率"的形象。

第二章
项目与实训

第一节　展示材料与设计应用

▶ 课程概况

课题名称：展示材料的识别

课题内容：辨识展示作品中的材质

课题时间：40课时

训练目的：让学生了解展示与装饰材料的名称、品种、性能、规格、质量和用途，了解展示装饰新材料及发展趋势，常用材料的应用。并掌握其标准展具的结构和组装形式以及性能。

教学方式：1. 综合方案分析展位中各部分的材质。

　　　　　2. 熟悉材质的特性及其应用范围。

　　　　　3. 以小组为单位做ppt汇报为主。

教学要求：1. 对材料的分析能基本到位。

　　　　　2. 结构材料和饰面材料不能混淆。

　　　　　3. 作业要求：1）以小组为单位寻找系列图片，图片能体现展位中的各个方面。

　　　　　　　　　　　　2）用其他辅助软件标明其材质名称，特性及其规格。

作业评价：此练习为加强学生对材料了解的熟练性，每个学生必须熟练掌握，作业只分及格或不及格，对材料介绍允许有一定误差。

1. 展览展示材料概述

1）什么是展示材料

展示材料和建筑材料相比，有相同也有差异，相同的是常规材料有木材、金属、塑料、玻璃、涂料、油漆、壁纸等，不同的是建筑材料中还有大量土建材质。如砖灰、石沙、柏油等材料，而展示中则是大量轻质材料，如各种纸张、KT板、泡沫板、亚克力板、模型板、棉、麻、毛、丝等纺织品、灯箱片、即时贴、有机玻璃等。因为大多数展场搭建是临时性构筑，为了运输方便、施工快捷、美观，多采用轻型材料。

展示材料在整个展示设计中占有重要的地位，材料的开发与应用已经日益成为人们关注的焦点。展示设计是一种综合、复杂的工程，涉及工程的环境、功能、空间以及经济效益、美观实用等诸多方面的因素。展示材料的运用一定要不断地挖掘和探索，选择施工简便、效果显著的新型材料。设计师应密切关注材料市场的发展，及时选用有价值、可利用的新产品、新材料。在选用展示工程材料时，一般根据展示的内容、性质、场所和时间来确定。对于短期展示活动，应选用结构简单、易拆卸、易组装、易出效果的材料。在选用材料时，要打破传统的用料观念，如玻璃，以前是用作隔断或门窗的，而现在经常用来制作发光地台或地面发光带等。

在选用展示设计材料时，应适当考虑企业的经济因素，量力而行。在不影响整体效果的原则下，应尽可能地用一些经济型展示材料代替昂贵奢侈的材料，降低成本，最大限度地表现设计效果。

传统的展示设计，大多只注重功能设计，很少考虑到展示材料的防火要求。近几年随着我国经济发展和展示活动的产业化、专业化、现代化，国家对于展示材料的防火要求越来越高，尤其是在展示施工中，明令禁止各种不合格、不防火展示材料的使用。

成功的展示空间设计，不仅涉及设计师的感性和理性判断，而且，很大程度上也取决于正确的选择和运用展示材料。材料选择的恰当与否，对设计的内容和外观影响很大，如果材料选用不当就会对展示的功能、展示效果产生负面的影响，从而影响到设计的整体。

在进行展示设计时，首先要考虑展示设计自身要达到的功能期望。例如，在展览会设计中，空间地面材料应选择具有一定弹性的材料，常用的有木地板、地毯、高弹性塑料地板等，这些材料在使用中最能满足展览空间地面的功能，给人留下舒适、人性化的印象。展示设计的艺术表现很大程度上受到材料的制约，尤其受材料的物理特性如强度、硬度、耐水性等，以及表面特性，如光泽、质地、质感、图案等诸多因素的影响。各种不同材料均有不同的质地感受，织物的柔和、金属的冷艳等，促成了展示空间从有限向无限延伸的视觉效果，因而，展示装饰材料应用得恰当与否是展示设计工程成败的关键所在。只有了解把握材料的特性，在展示内容与形式要求下合理选用材料，充分发挥每一种材料的优势，才能物尽其用，满足展示设计工程的各项需求。

2）展示材料的作用和意义

材料是展示艺术的物质基础。材料不仅影响着设计，有时甚至引导着设计过程的每一步。展示活动的总体效果、功能的实现，都是通过材料及其配套产品的色彩、光泽、触感、质感、肌理、图案、形体和性能体现的。展示材料集材料、艺术、造型设计和美学于一体，是品种门类繁多、更新周期快、发展过程活跃、发展潜力大的一类材料。对设计和物体的外形来说，不同材料的性能和表现的差异既是限制，又是发挥表现才能的机会。我们如何巧妙而细腻地运用材料来满足展示要求是至关重要的。新材料的掌握和运用使我们的设计可实施性大大增加，并直接影响到展示环境氛围的营造。

为展示设计选择材质就像为一座房屋选择建筑材料一样，不同的是，为展示设计所选择的材料在价位的高低上更极端一些。如果选择木材或者塑料作为材质，一个展览的造价可以低至仅仅几美元一平方英尺（1英尺约0.09平方米）；而选择石材、青铜或者玻璃作为材质，展览的造价就会飙升到几百甚至几千美元一平方英尺。

材质的选择和展览的财政预算紧密相关，也和展览的规模和内容有关。最精美的展览通常是贸易展览和商业产品陈列室。这类展览是高昂预算、小展区面积和高密度展品设计的结合体，通常需要选用最好的材质。在细节部分，就算是普通的展出用家具也会用到昂贵的硬木或金属。在另一个极端上，一些临时艺术展览的设计师们擅长运用廉价材质，例如，乙烯画布、白板和薄片来营造时尚而现代的气氛。

在选择材料中，设计师们有一个常犯的错误，那就是他们通常会选择只符合某一次展览预算的材料。这个错误导致的结果就是，在繁华地区的展览和互动性较高的展览中用到的材质无法在其他展示空间和展示条件中使用。此外，在观众不多的展览中使用昂贵的材质并没有多大意义。设计师的任务就是估算在展示设计任务中运用的材料的质量，并且保证预算要正确地符合展示的需要。

展示空间既是企业提升自身品牌品位、促进商业行为进行，又是满足和愉悦观者的场所，因而，它应该是作为人们艺术审美的对象而存在的，且已成为人类物质文化形式的一个重要类别。在展示中包含了两个方面的内容，即：展示装饰工程和展示装饰艺术，前者是给予一定功能、以创造展示空间为目的而实施的过程，包含了展示空间内外、立面、隔断空间、入口、地面、顶棚等；后者则包含了以美化空间为目的的造型艺术，如雕塑、挂画、装饰图案等。

各种材质有所不同，建造者们处理材质的水平也有所不同。石材、青铜和玻璃的材料需要特殊的手工艺人来安装。在安装高级材料上面花费大量的开销却没有安置成功也是毫无意义的。

一般来说，在展示设计工程中装饰材料所占的比例，可达总预算的50%~70%，选择材料时要注意经济、美观、实用的统一，对降低工程总造价、提高展示效果的艺术性具有重要意义。

3）展示材料的特点和发展趋势
装饰材料既是一个传统话题，也是一个同现代科技的发展有密切关联的概念。最早的装饰材料有石、木、土、铁、铜、编织物等，随着科技进步和现代工业的发展，装饰材料从品种、规格、档次上都进入了新的时期。近年来，展示材料总的发展趋势是：品种日益增多，性能越来越好。例如，装饰玻璃品种越来越多，包括复合装饰玻璃、组合装饰玻璃、高强凹凸装饰玻璃

等，这些材料已经广泛用于各类展示设计中。日本还推出一种新颖的立体色彩玻璃。这种玻璃在白色光线的照射下，显示出立体感的彩虹色彩，其装饰效果极佳。

墙纸仍是广泛使用的墙面装饰材料，并向多功能方向发展，出现了防污染、防菌、防蛀、防火、隔热、调节湿度、防X射线、抗静电等不同功能的墙纸。欧美发展较快的是织物墙纸和天然材料作面层的墙纸。

陶瓷面砖正逐步取代塑料、金属等饰面材料。其主要原因是塑料易老化、易燃烧，而金属饰面材料易腐蚀、价格高。陶瓷面砖则具有坚固耐用、易清洗、色彩鲜艳、防火、防水、耐磨和维修费用低等优点。目前国外的陶瓷面砖品种正朝多样化方向发展。有一种浮雕面砖，艺术效果好、重量轻、隔音保温、长期使用不褪色，很受欢迎。

目前有一种以木头、沙石、玻璃、天然纤维等为原料制成的装饰材料受到人们的青睐，它能产生回归自然的感觉。而以合成、化工原料为主的展示装饰材料，相比之下自然显得受冷落。

采用金属或镀金属的复合材料也是国外材料的发展方向之一。例如，展示设计中采用不锈钢装饰墙板，立面庄重、质感强；墙面贴铝合金，装饰效果好、安装简单、成本低、使用寿命长。金属表面经阳极氧化或喷漆处理，可以得到不同色彩。其他如铜浮雕艺术装饰板、镀金属材料等也开始在各种装饰中使用。

在今后一段时间内装饰材料将向以下几个方向发展。首先，是复合化、多功能、预制化方向。也就是利用复合技术、特殊性能来提高其性能的材料。复合装饰玻璃、组合装饰玻璃、高强凹凸装饰玻璃、最新开发的"立体影像玻璃"，将成为商家关注的热点。金属或镀金属复合材料成为颇具市场发展潜力的装饰用料。

其次，是向高性能材料方向发展。轻质、高强度、高耐腐蚀性、高防火性、高抗震性、高保温性、高吸声性等的装饰材料是今后的发展趋势；阻燃、防火、抗水、耐磨型面饰材料将成为市场新宠。其中浮雕型面砖、艺术抛光仿花岗石无釉地砖等材料，将以其质轻、保温隔音、艺术性强等优点而流行。

再次，材料的发展趋向是绿色环保化、新型复合化的方向。这些新材料的出现，必将会对提高展示设计的使用功能、经济性、加工施工进度、艺术效果处理有十分重要的意义。

随着展览技术的现代化进程不断加快，科学技术迅猛发展，大量新材料的涌现正在悄无声息地冲击着传统材料的主导地位，新材料的大量运用必将成为未来展览设计的趋势。同时，其品质的不断完善也为展览材料的选用带来了新观念：不仅追求良好的展览效果，更应强调材料的应用环保、运输便捷和使用安全。

① 环保

当前，国内绝大部分展商用的展览材料主要由木料、玻璃和钢材等组成，为适应不同设计的各种要求，这些材料被组合成各种形式复杂的结构，以满足烦琐奢华的展示要求，每一个摊位往往要一次性使用大量的不可回收的材料，导致每次展会结束之后，都会留下一大堆留而无用、弃之可惜的废料，造成资源的极大浪费。有些新材料虽然功能强大，具有传统材料无可比拟的优势，但由于其生产、处理会对环境造成很严重的污染，所以无法获得大范围应用的许可。

在展览馆的建材和室内展览展示装饰材料的选择上，严格遵循生态设计原则，减少材料的使用量，尽量使用可回收的以及可循环使用的环保材料，进行CO_2减量设计，减少对人体的"健康性污染"与对地球的"环保性污染"，并尝试应用建筑和室内设计的节能创新材料，为展示设计上演过程中的节能提供更广阔的天地。循环利用展台装修材料是实现生态展示设计中见效最快的一种方式。研制并生产标准单元组合件，不仅可以循环再利用，实现低碳环保。同时又满足了不同商家的品位，不同行业瞄准的相应人群的要求。另外，传统的展示材料逐渐不能满足人们的需要，各种新型的便于重复使用的环保建材和技术逐渐得以运用，出现了纸制替代品、竹制替代品、农作物纤维替代品等展示装饰材料。即使使用损坏也可以重新加工，循环再利用。

由此可见，新型展览材料应该选用对地球环境影响小，能够反复多次地利用，产生的废弃物能被环境接纳的。许多新型的人造材料要想在未来脱颖而出，就必须克服污染这个巨大缺陷，并能够在功能的完善上取得长足的进步。同时，一些传统的自然材料也必须进行合理的复合以创造出新型的功能强大的环保材料。

目前市场上出现的新型展览材料有轻金属合金材料、高硬度的塑料、有机玻璃以及一些由生物原料制成的有机可降解材料。这些材料的取材不会以破坏环境为代价，使用过程中也不会产生有毒、有害的物质，在一次布展结束之后还可以重复使用或循环利用。2010年上海世博会上日本馆、法国馆、奥地利馆、西班牙馆、中国馆、英国馆，这些展馆的材料有高科技金属和塑料，也有可降解的木材、藤柳、纸塑板和不同的复合树脂、亚克力材料等。这些材料不仅宜于组装和拆卸，而且还可重复利用。撤馆后这些材料可以再次使用。

② 便捷

由于每次展览活动举办的时间短、空间有限，所以主办方留给参展商进行展台搭建的时间并不多，撤展的时间则更短，如果使用过于烦琐的搭建材料，一方面会耗费很长的时间，使布展工作不能如期完工，展览无法达到预期的效果；另一方面，搭建方为了赶进度容易忽略细节，草率行事，产生安全问题。再者，木制或铁制的展台结构一般体积庞大，质量较重，参展商在运输上的花费也会成为一笔不小的投入。这就需要开发出质量轻、便于运输与搭建的材料来降低施工时间与运输成本。如目前市场上已有一种系统组件，它的材料是轻便的铝合金，便于运输和存放，同时，无论搭建还是拆除，所需工具也很简单，由于是系统化产品，每个部件均可拆卸整理待再次使用，既避免了浪费，又节省了成本与时间。

③ 安全

展览活动中的安全也是重要的课题。每次展览会的搭建过程中都发生过因展台搭建材料松动掉落而砸伤搭建工人、观众的事件，造成不小的混乱，给主办方造成不少的麻烦。传统的木结构搭建材料在使用中存在着消防隐患，有的参展商为了求快求方便，使用不符合场馆消防安全规定的木料，防火性能很差，再加上有的场馆消防设施不到位，两者结合可能会造成不堪设想的严重后果。而笨重的钢质材料在搭建的时候比较困难，很容易造成疏忽和错漏，致使展台不牢固，造成砸伤、砸死人员的惨剧。

新型的轻便型材料就不会产生上述担忧，系统化组件的每个接口都是标准化生产的，牢固而可靠，安装也简便易行，不会形成展台松动乃至坍塌的威胁。对于想要特立独行的展台，有机玻璃、高硬度的塑料是不可或缺的选择，它们坚固、可塑性强、容易上色等特性可以使展台呈现出各种各样的造型，凸显公司产品的品牌与风貌。近年来出现的以布料织物等为主体材料的柔性特装，不仅完全没有砸伤人的危险，运输与搭建也极其轻便，为展台带来别具一格、独具匠心的展示效果，这种突变的风格也将成为吸引观众的一大亮点。

展览活动一般是在人员聚集的场馆举行，必须高度重视安全性和可靠性，尽量设想到各种可能发生的意外因素，如停电、火警、意外灾害等，设计好相应的应急措施。只有在充分保证人员安全的前提下才能开展展览活动。

2. 展示材料的分类和性能

1）展示材料的分类

材料种类繁多，根据不同的需求产生了几种不同角度的分类方法。在展示设计范围内，材料是指用于展示设计且不依赖于人的意识而客观存在的所有物质。因此，设计材料所涉及范围十分广泛，为了更好地了解材料的全貌，可以从以下几个角度对材料进行分类：

① 按设计材料的化学性质分类

按材料的化学性质，可分为有机材料和无机材料。由碳、氢、氧、氮等元素组成的材料统称为有机材料，比如木材、塑料、橡胶、油漆等，简单地说，有机材料都能够在常温常压下燃烧。而无机材料则不能，比如钢筋、水泥、陶瓷。

a. 有机材料，如木材、竹材、高分子材料等。
b. 无机材料分为：无机金属材料与无机非金属材料两种。无机金属材料包括黑色金属材料（铁及以铁为基体的合金，如纯铁、碳钢、合金钢、铸铁等）和有色金属材料（除铁以外的金属及其合金，如铝与铝合金、镁及镁合金、锌及锌合金、铜和铜合金）；无机非金属材料为天然材料，包括大理石、花岗岩、鹅卵石、黏土、陶瓷制品、胶凝材料，如水泥、石灰、石膏等。

② 按物理状态分类

a. 固体，包括钢、铁、铝、大理石、陶瓷、玻璃、塑料、橡胶、纤维、粉末涂料等。
b. 液体，包括涂料（水性涂料、油性涂料）、黏结剂（a结涂料）及各种有机溶剂（稀释剂、固化剂、干燥剂等）。

③ 按设计材料的用途取向分类

a. 用于结构或龙骨的材料，主要是钢、铁、铝合金、混凝土等。
b. 用于墙面的材料，主要是天然石材（大理石、花岗岩）、木材及其加工产品、陶瓷面砖、玻璃、纺织纤维面料、地毯、壁纸、涂料、石膏板、塑料扣板、金属扣板等。
c. 用于地面的材料，主要是实木地板、强化木制复合地板、塑料地板、陶瓷地面砖、防静电地板、大理石、花岗石、地毯等。
d. 用于家具的材料，主要是人造板（胶合板、纤维板、材、金属骨架等基材和各树种刨切薄木贴面板、石材（大理石中密度板、木芯板等）、木方块、花岗石）饰面板、金属板等。

2）常规和基础材料

① 底板

细木工板

细木工板（俗称大芯板、木工板）是具有实木板芯的胶合板，其竖向（以芯板材走向区分）抗弯压强度差，但横向抗弯压强度较高。现在市场上大部分是实心、胶拼、双面砂光、五层的细木工板（图2-1-1、图2-1-2）。

细木工板握螺钉力好，强度高，具有质坚、吸声、绝热等特点，而且含水率不高，为10%~13%，加工简便，用途最为广泛。细木工板比实木板材稳定性强，但怕潮湿，施工中应注意避免用在厨卫。细木工板的加工工艺分机拼和手拼两种，手工拼制是用人工将木条镶入夹板中，木条受到的挤压力差，不能锯切加工，只适宜做部分装修的子项目，如做实木地板的垫层毛板等。而机拼的板材受到的挤压力较大，缝隙极小，拼接平整，承重力均匀，长期使用不易变形。

木工板按厚度分有12mm，15mm，18mm 几种（行

图2-1-1 细木工板1

图2-1-2 细木工板2

图2-1-3 密度板

图2-1-4 密度板应用1

业俗称1.2，1.5，1.8）。

尺寸规格：1220mm×2440mm

好的细木工板每张价格为70~140元。

差一些的为40~60元。

密度板

密度板也称纤维板或MDF，是将原木脱脂去皮，粉碎成木屑，也就是以木质纤维或其他植物纤维为原料，经过高温、高压，施加适用的胶粘剂制成的人造板材（图2-1-3至图2-1-5）。

按其密度的不同，分为高密度板、中密度板、低密度板。现在市场里常见的是中密度板。按厚度不同，分为五厘密度板、九厘密度板、八厘密度板。

优点：物理性能极好，材质均匀，不存在脱水问题。中密度板的性能接近于天然木材，但无天然木材的缺陷。缺点：加工精度和工艺要求较高，造价较高；因其密度高，因此必须使用精密锯切割，不宜在装修现场加工；此外握钉力较差且不防水。

主要用于强化木地板、门板、隔墙、家具等。密度板在家装中主要用于混油工艺的表面处理。

密度板规格及相应价格

（1.22m×2.44m×0.3m）每张17元；

（1.22m×2.44m×0.4m）每张19元；

（1.22m×2.44m×0.9m）每张31元；

（1.22m×2.44m×1.2m）每张45元；

（1.22m×2.44m×1.3m）每张58元。

胶合板

胶合板是由三层或多层1mm左右的实木单板或薄板胶贴热压制成，常见的有三夹板、五夹板、九夹板和十二夹板（俗称三合板，五厘板，九厘板，十二厘板）（图2-1-6、图2-1-7）

尺寸规格有：1220mm×2440mm

优点：强度大，抗弯性佳，宜于使用在需要承重的结构部位。

缺点：稳定性差，变形的可能大，这是由于其芯材材料的异质性造成的。

胶合板主要用于装饰面板的底板、板式家具的背板等各种木制品工艺。

图2-1-5　密度板应用2

图2-1-6　胶合板1

图2-1-7　胶合板2

图2-1-8　彩色有机板

市场上胶合板价格千差万别，一般而言，是遵循优质优价、物有所值的规律。家庭装修一般选购中、低档的胶合板即可，如柚木、水曲柳胶合板每张不过百元；进口柳桉胶合板每张40元左右，辅助性用途胶合板可选购每张30元以内的国产板替代之间，加工简便，用途最为广泛。

木龙骨

装修中常用的一种材料，有多种型号，用于撑起外面的装饰板，起支架作用。展览中一般做＃字形装订于底板后，起支撑和加固的作用。它属于展墙的辅助材料。

② 面材（表面处理）

有机片（PS板）

PS板俗称"有机板"，化学名称为Polystyrene（聚苯乙烯），是一种热塑性非结晶的树脂，无色、无臭、无味而有光泽、质轻价廉、吸水性低、着色性好、化学性质稳定，具优良的电绝缘性，高频绝缘性尤佳，有一定的抗冲击性、耐候性和耐老化性，透光性好，能耐一般的化学腐蚀。

广泛用于室内装饰、广告灯箱、工艺制品替代玻璃板、灯罩制作、可丝网印刷、各种招牌等。

PS板不能与有机溶剂及相溶溶剂和强腐蚀物品堆放在一起，应贮存在通风干燥的库房内，避免日晒雨淋，远离热源（图2-1-8、图2-1-9）。

铝塑板

铝塑复合板简称铝塑板，是由经过表面处理并用涂层烤漆的铝板作为表面，聚乙烯、聚丙烯塑料混合作为芯层，经过一系列工艺加工复合而成的新型材料。由于铝塑板是由性质截然不同的两种材料（金属和非金属）组成，它既保留了原组成材料（金属铝、非金属聚乙烯塑料）的主要特性，又克服了原组材料的不足，进而获得了众多优异的材料性质，如豪华性、艳丽多彩的装饰性、耐候、耐蚀、耐创击、防火、防潮、隔音、隔热、抗震性；质轻、易加工成型、易搬运安装等特性，这些特点为铝塑板开阔了广阔的运用前景（图2-1-10至图2-1-13）。

标准规格长度2440mm，宽度1220mm，厚度3mm、4mm；非标规格长度至6000mm，宽度至1550mm，厚度至6mm；可根据客户需求生产订做不同规格不同颜色的产品。

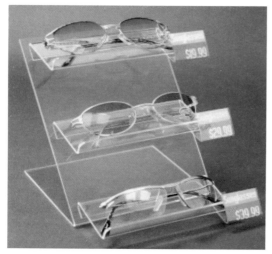

图2-1-9 有机板样品制作

图2-1-10 铝塑板1

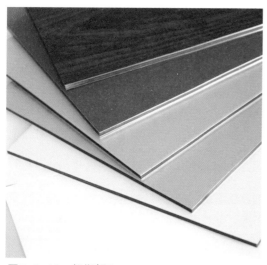

图2-1-11 铝塑板2

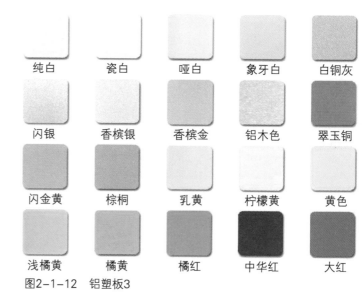

纯白	瓷白	哑白	象牙白	白铜灰
闪银	香槟银	香槟金	铝木色	翠玉铜
闪金黄	棕桐	乳黄	柠檬黄	黄色
浅橘黄	橘黄	橘红	中华红	大红

图2-1-12 铝塑板3

铝塑板的价格

常用的厚度大多在3mm~4mm，每平方米的价格为60~120元。单面（1220mm×2440mm）一般为150元一张；双面（1220mm×2440mm）一般为180~250元一张。

铝塑板的用途

大楼外墙、帷幕墙板。

旧的大楼外墙改装和翻新。

阳台、设备单元、室内隔间。

面板、标志板、展示台架。

内墙装饰面板、天花板、广告招牌。

工业用材、保冷车的车体。

图2-1-13 铝塑板实际效果

防火板

防火板是采用硅质材料或钙质材料为主要原料，与一定比例的纤维材料、轻质骨料、黏合剂和化学添加剂混合，经蒸压技术制成的装饰板材。它是目前越来越多使用的一种新型材料，其使用不仅仅是因为防火。防火板的施工对于粘贴胶水的要求比较高，质量较好的防火板价格比装饰面板也要贵。防火板比防火纸有质感，但接缝大，潮湿天易起泡（图2-1-14、图2-1-15）。

防火板的特点

质轻对龙骨承重要求无需太高，总体工程造价低。
厚度3mm即达到A级防火不然材料的要求。
重量轻，搬运方便，破损率低，防水防潮。
可与各式面板装饰皮或厚木皮二次加工，附着力极强，还可贴瓷砖、抹灰、另外防火板还具有耐磨、耐热、耐撞击、耐酸碱、耐烟灼、防火、防菌、防霉及抗静电的特性。而劣质防火板一般具有以下几种特征：色泽不均匀、易碎裂爆口、花色简单，另外，它的耐热、耐酸碱度、耐磨程度也相应较差。

防火板的适用范围

可用作新建建筑和翻修旧房的外墙、内墙装饰材料及室内吊顶，特别适用于一些大型的人员密度大的、对防火性能有较高要求的公共建筑如会议中心、展览馆、体育馆、剧院等。

防火板种类

平面彩色雅面和光面系列：
朴素光洁，耐污耐磨，适宜于餐厅、吧台的饰面、贴面。

木纹雅面和光面系列：
华贵大方，经久耐用，适用于家具、家电饰面及活动式吊顶。
皮革颜色雅面和光面系列：
易于清洗，适用于装饰厨具、壁板、栏杆扶手等。
石材颜色雅面和光面系列：
不易磨损，适用于室内墙面、厅堂的柜台、墙裙等（图2-1-16）。
细格几何图案雅面和光面系列：
该系列适用于镶贴窗台板、踢脚板的表面，以及防火门扇、壁板、计算机工作台等贴面（图2-1-17）。

防火板常用规格

2440mm×1220mm，厚度一般为0.8mm、1mm和1.2mm。

防火板的单价

每张（2440mm×1220mm）价格为17~35元不等。

图2-1-15　防火板2

图2-1-14　防火板1

图2-1-16 防火板贴面效果

图2-1-17 防火板特殊花纹

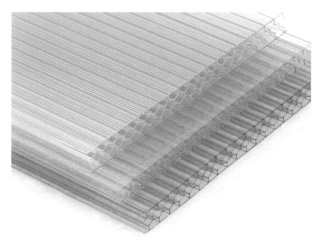

图2-1-18 阳光板1

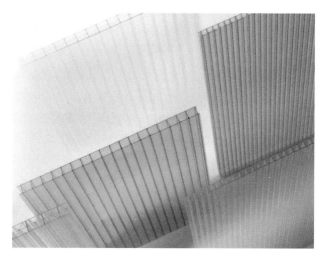

图2-1-19 阳光板2

阳光板

阳光板，又称聚碳酸酯中空板、玻璃卡普隆板、PC中空板。是以高性能的工程塑料——聚碳酸酯（PC）树脂加工而成，具有透明度高、质轻、抗冲击、隔音、隔热、难燃、抗老化等特点，是一种高科技、综合性能极其卓越、节能环保型塑料板材，是目前国际上普遍采用的塑料建筑材料，有其他建筑装饰材料（如玻璃、有机玻璃等）无法比拟的优点。阳光板加工简单，但受规格限制，价格高（图2-1-18、图2-1-19）。

阳光板的用途

采光系统。

高速公路、轻便铁路及城市高架路隔音屏障。

现代植物温室及室内游泳池的天幕。

飞机场、工厂的安全采光材料。

广告灯箱的面板、广告展示牌。

家居、办公室的室内间隔，人行通道、护栏、阳台、淋浴房的拉门（图2-1-20、图2-1-21）。

产品性能

透光，透光率最高达82%；

节能，传热系数（K值）低，隔热性好，节能量是相同厚度玻璃1.5~1.7倍；

质轻，重量是相同厚度玻璃的1/15；

冷弯，可冷弯，安全弯曲半径为其板厚的175倍以上；

抗冲击，落锤冲击试验：200J 的冲击能（10kg 重锤从2m高下落），对10mm 厚的双层板冲击后，无破裂，无裂纹（图2-1-22）；

难燃 符合GB 8264-1997 难燃一级标准。

图2-1-20　阳光板车棚使用

图2-1-21　阳光板建筑使用

图2-1-22　阳光板展会效果

PVC 软片

PVC 波音软片

PVC 波音软片根据花纹的不同，可分为木纹、素色、珠光、大理石、金银拉丝、PVC 印花贴。有背胶和不背胶两种。厚度从0.08mm到0.60mm。

产品特性

PVC波音软片系列具有无毒无味、耐磨、阻燃、防水、耐酸碱和可塑性。可直接粘贴，无需粘胶和油漆，随意转角拐弯而没接缝，既施工快捷又效果完美，价格便宜，容易更换。

产品用途

PVC波音软片用于住宅、酒店、宾馆、大会堂、展览馆等建筑物墙、建筑材料（门架、门框、框）、橱柜、建筑物柱子等，常在展览中使用，安装便利，施工时间短。在沿海或潮湿地区的展览比较适用（图2-1-23）。

PVC 装饰软片

PVC 装饰软片主要成分为聚氯乙烯，它是一种高档的装饰和装修合成材料（图2-1-24）。

主要品种

PVC 装饰软片包括吸塑木纹片、平贴木纹片、吸塑单色片、平贴单色片，配件有PVC 专用胶水、封边条等。

a．木纹片的纹理有胡桃木、樱桃木、橡木、榉木、枫木、柚木、松木、檀香、花梨等，每一款木纹均有数种颜色以供选择。

b．单色片的颜色从金、银、黑、白、灰到红、黄、蓝、绿、紫，花纹有沙粒、拉丝、亚光、闪点、光面等，具有无毒无味、耐磨、阻燃、防水、耐酸碱和可塑性（图2-1-25）。

适用范围

用于家具、装饰板、免漆装饰线条、免漆门、家用电器、天花板、电脑台、音箱、橱柜、防盗门、礼品盒、工艺品等表面贴合或真空吸塑贴合装饰。

单位价格

两种软片每平方米的价格均为5~8元。

图2-1-23　PVC软片样张

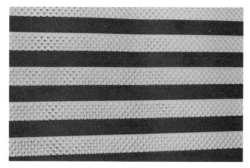

图2-1-24　PVC装饰软片花色1

图2-1-25　PVC装饰软片花色2

图2-1-26　油漆1

③ 喷绘

油漆

油漆的分类

油漆是一种用作装饰或保护外层的液体混合物，通常由液态展色剂和固体颜料组成。涂料是涂在物体表面，使其美观或防蚀的物质。如油漆（涂料的旧名。泛指油类和漆类涂料产品）在具体的涂料品种命名时常用"漆"字表示"涂料"，例如，调和漆、底漆、面漆等。经过长期的发展，其产品分类方法很多，涂料的品种特别繁多，分类方法也很多：

a. 按照涂料形态分，可分为粉末、液体等；

b. 按成膜机理分，可分为转化形、非转化形等；

c. 按施工方法分，可分为刷、辊、喷、浸、淋、电泳等；

d. 按干燥方式分，可分为常温干燥、烘干、湿气固化、蒸汽固化、辐射能固化等；

e. 按使用层次分，可分为底漆、中层漆、面漆、腻子等；

f. 按涂膜外观分，可分为清漆、色漆；无光、平光、亚光、高光；锤纹漆、浮雕漆等；

g. 按使用对象分，可分为汽车漆、船舶漆、集装箱漆、飞机漆、家电漆等；船舶涂料还可根据使用部位和应用环境特点分为防锈涂料、防腐涂料、防污涂料、耐候涂料、耐热涂料以及船底漆、船壳漆、甲板漆、标志漆、油舱漆、电瓶舱漆、压载水舱涂料、弹药舱涂料、生活舱涂料和其他特殊功能涂料等。

h. 按漆膜性能分，可分为防腐漆、绝缘漆、导电漆、耐热漆等；

i. 按成膜物质分，可分为醇酸、环氧、氯化橡胶、丙烯酸、聚氨酯、乙烯等。

以上的各种分类方法各具特点，但是无论哪一种分类方法都不能把涂料所有的特点都包含进去，所以世界上还没有统一的分类方法。中国的国家标准GB 2705－1992，采用以涂料中的成膜物质为基础的分类方法（图2-1-26至图2-1-28）。

涂料

涂料通常由基料（树脂、黏结剂）、颜料、填料、溶剂和少量功能性添加剂等组成，按基料种类可分为17大类；按性能特点可分为有机涂料、无机涂料、溶剂型涂料、无溶剂型涂料、水性涂料、粉末涂料、高固体份涂料和厚浆型涂料等；按其功能特点又可分为磁漆、色漆、清漆、调和漆、底漆、面漆和中间漆等；成品有模板漆，内外墙乳胶漆，防火乳胶漆等（图2-1-29）。

弹力布

弹力布是展览中常见的一种表面处理方法，是使用布质材料车缝或粘连完成的，一般弹力布与铁架结合，根据铁架的形状包裹。弹力布有各种颜色，绷在铁架上成半透明状（图2-1-30）。

图2-1-27　油漆2

图2-1-28　油漆3

图2-1-29　涂料喷涂效果

图2-1-30　弹力布使用效果

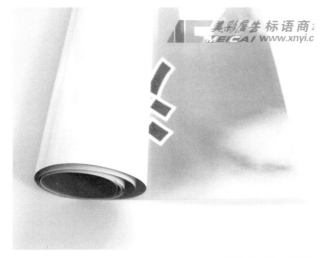

图2-1-31　PP胶

图2-1-32　PP胶效果

PP胶

PP胶也有人称PP胶片，是一种常见的喷绘材料。其特点是光泽度高，色彩鲜艳，图像解析度高，抗老化及抗拉力性能好。可分为亚面，光面，半光面（图2-1-31）。

产品用途：主要用作广告宣传画册、各种户内展板广告、室内海报、横幅、挂幅、商标、工程效果图、个人图片等。产品适用于户内和户外短期。

产品规格：1.50m×50m（图2-1-32）。

产品重量：110g/m² ± 5g/m²。

使用方法：用喷墨打印机将水性燃料墨水喷绘到涂层上面，即可得到相应效果的画面，该产品不防水，须在喷画后进行裱膜来保护画面。

PP胶的价格：20~25元/m²。

网格布（玻璃纤维网格布，图2-1-33）
网格布的特点及优点：
a. 良好的户外打印效果。严格的涂刮工艺流程，使高分子材料很好地融合到PET高强涤纶纤维的基布上，使材料的色彩表现趋于完美。
b. 高强度的抗撕裂性。采用1000D以上高强度涤纶丝，单根丝承重可在1000N以上。
c. 良好的透风、采光效果。网格布透风的特点对建筑物有良好的保护作用，也不会影响室内采光的效果。
d. 降低成本、易施工、便操作。网状结构使得广告媒体的安装省去了背板等太多的配套设施，大大降低了成本投入，容易安装。

玻璃纤维网格布是以玻璃纤维机织物为基材，经高分子抗乳液浸泡涂层（图2-1-34）。
主要性能、特点：
a. 化学稳定性好。抗碱、耐酸、耐水、耐水泥侵蚀、及抗其他化学腐蚀；和树脂黏结性强、易溶于苯乙烯等。
b. 高强度、高模量、重量轻。尺寸稳定性好、硬挺、平整、不易收缩变形、定位性佳。
c. 抗冲击性较好（因网布强度高、韧性好）。
d. 防霉变、防虫。
e. 防火、保温、隔音、绝缘。

用途：
广泛应用于墙体增强、外墙保温、屋面防水等方面，还可以应用于水泥、塑料、沥青、大理石、马赛克等墙体材料的增强，是建筑行业理想的工程材料。

网格布规格：3000mm × 50m。

网格布价格为300dpi（60元/m²）、360dpi（80元/m²）、720dpi（90元/m²）。

外打灯布
主要特点：
a. 高强度；
b. 优良的产品稳定性及表面自洁性；
c. 抗老化、耐寒性好。

产品广泛应用于大型户外广告体系，宽幅数码喷绘及建筑、篷盖、充气材料等领域。

价格为10元/m²（图2-1-35）。

内打灯布
主要特点：
a. 拥有卓越的阻光能力；
b. 干燥快；
c. 两面可打印/印刷不同图像；
产品应用于大型灯箱。
价格为10元/m²（图2-1-36、图2-1-37）。

白画布
白画布是喷绘写真布的一种。

图2-1-33 网格布

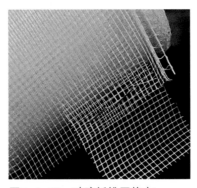
图2-1-34 玻璃纤维网格布

图2-1-35 外打灯布

白画布分类：

一种是亚光白画布，采用亚光涂料涂布而成。一般所说的白画布是指亚光白画布。一种是高光白画布，又称为银雕布，丝光绢布。它常用作婚纱照的打印。

白画布的打印效果：

涂布的打印面是亚光效果，其涂层面较厚也比较平滑，吸墨量较大，画面效果在色彩的饱和度和鲜艳度上都表现的比较好，一般用于一些艺术作品的制作和色彩要求鲜艳的画面的制作。如一些水墨画的艺术品的打印，山水画的打印。白画布具有一定的防水性能，白画布的适用范围：可用于户内外挂画的展示，幕帘画面的制作等（图2-1-38）。

白画布的常见规格：1.52m×30m。

白画布的价格为50元/m²（图2-1-39）。

灯片

灯片具有颜色明亮艳丽，饱和度高，抗紫外线能力强，能长时间承受灯管散发出的热量。

主要用于户内高精度写真，效果逼真，色彩还原好，图像清晰锐利。适用于影楼写真，各种超市，地铁等室内系列广告。应用于灯箱广告、商贸展示、装饰等，适用于染料型桌面和大型宽幅面打印机。

产品规格：1.52m×30m。

灯片系列：

a. 背喷灯片（防水 不防水 高透明系列 磨砂系列）；

b. 正喷灯片（防水 不防水）；

c. 透明片（防水 不防水）；

d. RC 水晶灯片；

e. 彩喷灯片；

f. 价格为25~30元/m²（图2-1-40）。

背胶

a. PP背胶

适用于户内张贴画，背面带有不干胶，可以粘贴在墙上、木板、KT 板、有机板、玻璃等物料上。此材料只适合一次性粘贴使用，不可以反复粘贴。另有专用于户外防紫外线及雨水性能强的户外不干胶喷画，清晰度都可以达到1200dpi。

价格为20~30元/m²。

图2-1-36　内打灯布效果1

图2-1-37　内打灯布效果2

图2-1-38　内打灯布顶棚效果

图2-1-39　白画布

图2-1-40　灯片效果

图2-1-41　KT板

图2-1-42　KT板制作效果

b. 背胶半透片

半透明背胶：基材进口半透胶片，厚度0.10mm。高透明进口油性胶水，涂胶厚度0.25mm，离型膜厚度0.28mm 透明PET ，腹合而成喷墨打印背胶半透胶片。半透明效果亚光，透光不透影，适合玻璃贴画，影楼写真，大头贴，名片制作。适合要求较高的场合。

产品规格：1.27m×30m。

KT板

KT板是一种PS 发泡板材，板体挺括、轻盈、不易变质、易于加工，并可直接在板上丝网印刷、油漆（需要检测油漆适应性）及喷绘，广泛用于广告展示、建筑装饰、文化艺术及包装等方面。在广告展示方面是用于产品宣传、信息发布的展览、展示及通告用装裱衬板（图2-1-41、图2-1-42）。

产品种类：

KT板从目前比较成熟的生产工艺可分为冷复合与热复合。这两种不同工艺生产出来的产品分别为（冷复合板）冷板和（热复合板）热板

产品特点：轻便实用/加工容易/携带方便/隔音等

产品用途：用于展板制作，用KT 板制作的展板美观大方、方便轻捷、经济实惠

产品颜色：红、白、黄、绿、灰、蓝、黑

产品规格：1.22m×2.44m。

注意事项：

a. 热板的起泡大都是因为熟化期短、面皮过薄导致，冷板起泡大都是因为生产时的涂胶不好或太阳直射过长导致。

b. 价格比较：热板价格低，主要是因为生产期短、用料少、生产量大而形成的，而冷板恰恰相反。

c. 目前KT 板面膜上的种类比较多，常见新品主要有纸面、背胶面甚至布面。

④ 美工材料

霓虹灯

霓虹灯是一种冷阴极辉光放电管，其辐射光谱具有极强的穿透大气的能力，色彩鲜艳、绚丽多姿，发光效率明显优于普通的白炽灯，它的线条结构表现力丰富，可以加工弯制成任何几何形状，满足设计要求，通过电子程序控制，可变换色彩的图案和文字受到人们的欢迎。霓虹灯的亮、美、动特点，是目前任何电光源所不能替代的，在各类新型光源不断涌现和竞争中独领风骚。由于霓虹灯是冷阴极辉光放电，因此一支质量合格的霓虹灯其寿命可达20000~30000小时（图2-1-43、图2-1-44）。

霓虹灯的特点

a. 高效率（用同样多的电能，霓虹灯具有更高的亮度）；

b. 温度低，使用不受气候限制（能置于露天日晒雨淋或在水中工作）；

c. 制作灵活，色彩多样；

d. 动感强，效果佳，经济。

缺点：寿命较短，主要做线型框架。

霓虹灯单价

管距单色扫描底管霓虹灯600元/（灯管数量16m、2组）；

管距单色扫描底管霓虹灯300元/（灯管数量8m、1组）；

管距全彩色扫描底管霓虹灯800元/（灯管数量24m、3组）；

管距全彩色扫描底管霓虹灯600元/（灯管数量16m、2组）。

图2-1-43　霓虹灯字效果1

LED发光字

LED发光字是采用发光二极管为光源制作的发光字体。发光字以它白天美观，夜晚亮丽，省电节能，经久耐用的诸多优点一经面市，就以燎原之势迅速走红。

LED发光字的发光形式：

a. LED单色发光字（红、黄、白、绿、蓝）；

b. LED双色发光字；

c. LED多色发光字；

d. LED七彩变色发光字（渐变、跳变、色彩闪烁、色彩变化）。

图2-1-44　霓虹灯字效果2

LED发光字的特点：

a. 光亮度高：特别适合高楼、大厦的广告、大字；

b. 维修简便：比吸塑字、霓虹灯字维修极其简便；

c. 省电节能：比任何一款同等亮度的广告字都节能80％以上。

LED常与吸塑材料一起制作成吸塑灯箱及吸塑字，其美观、亮度及稳定性得到各装修行业的青睐（图2-1-45）。

钛金字

钛金字，一般是由各种不同的金属字制作成型后，再通过镀钛，烘烤等工艺而形成的不同颜色的广告字。还有一种则是用钛金板直接敲打制作而成的。钛金字作为一种实用的广告字，在户外广告展示制作中都很受用户的欢迎。字体可以做厚，比水晶字更有立体感，因为它比较轻，所以可以做得很大，有的甚至做到1m多。厚度可以做到10mm~100mm，甚至更厚。它可以用在室内和室外，不怕日晒雨淋。

图2-1-45　LED发光字效果

a. 材质：钛金；

b. 颜色：金黄色、白色、黑色等；

c. 工艺：钛金平面切割、钛金围边、锡焊；

d. 特点：简洁大方、立体感突出、工艺细致、安装方便；

e. 单价：0.4m以下，150元/m；0.4~1m，190元/m；1m以上，260元/m（图2-1-46）。

锌铁字

锌铁字，一般不做拱面，表面镀锌。其余和钛金字类似。它也可以用在室内和室外，不怕日晒雨淋。

图2-1-46　钛金字效果

图2-1-47 锌铁字效果

图2-1-48 不锈钢字效果

图2-1-49 铝字效果

图2-1-50 铁字效果

单价：1米以下150元/m（图2-1-47）。

不锈钢字

不锈钢字是一种通过激光对不锈钢板进行雕刻成型，再用手工对其打磨，修边，抛光等工艺而成的广告字（图2-1-48）。

不锈钢字的种类：分为拉丝不锈钢字和镜面不锈钢字两种。

a. 拉丝不锈钢字制作是用拉丝不锈钢板，经过镭射激光切割或数控水切割后围边焊接，打磨抛光包装而成。这种金属字有独特的金属质感。

b. 镜面不锈钢字制作是用不锈钢镜面板经过镭射激光或数控水切割后围边焊接。这种字的面和围边有镜面般的效果，生动活泼，很是诱人。

材料厚度分别为：0.6mm、1.5mm。

目前焊接方式：锡焊和氢。

单价：1m以下，200元/m；1~2m，300元/m；2~3m，400元/m。

铝字

铝字是由金属铝经数控切割成形后围边铝焊接、打磨、磷化处理表面喷涂而成，有着整体质轻、平整、不生锈、漆膜着附力强、油漆色彩多种等优点。

现正以不可预见的速度取代传统的铁皮字，铝字所用板材厚度分别有1.2mm、1.5mm、2.0mm、2.5mm、3.0mm 等，铝板材质有纯铝板和合金铝板之分。

单价：1m以下，300元/m；1~2m，400元/m；2~3m，500元/m（图2-1-49）。

铁字

铁字常和霓虹灯搭配使用，在户外可经风吹雨打。

单价：160元/m²（图2-1-50）。

泡沫字

泡沫字，一般的做法是先用1mm~3mm 的有机片成型，再用泡沫胶粘在要求厚度的泡沫板上，然后在锯床上按成开型的有机片成型。它可以用在室内和室外，不怕日晒雨淋，是很廉价的招牌字。但毕竟是泡沫，如果是用在雨淋得到的地方，用一两年后就可能会出现缺裂。用在室内又由于距离太近能被人发现它的材料而觉得不够高档。但是一次性的展台设计中经常使用到该种招牌字。

单价：0.8元/cm（图2-1-51）。

水晶字

水晶字，是用化学药水将透明有机玻璃（亚克力）跟有色有机片粘合起来组合而成。成型时，可以将透明有机玻璃和有色有机片分开来雕刻，也可先用化学药水粘合后再一起雕刻。因为各自的熔点不同，所以，是分开来雕刻还是粘合后再雕刻就得根据所买的材料来定，以便节约加工时间。水晶字有灯光照射看起来非常好看，它可以用在室内和室外，不怕日晒雨淋。它是一种性价比较高的高档字，可做招牌字，也可做其他装饰字。但它不能做得太大，一般小于1m，总厚度在5mm至21mm。

单价：0.5元/cm起，其中11mm厚，0.8元/cm（图2-1-52）。

有机片字

有机片字，和水晶字类似，就是少了透明有机玻璃，所以厚度也不大，最薄0.4mm厚，常用2mm、3mm、4mm、5mm。它可以用在室内和室外，不怕日晒雨淋。

单价：60~70元（规格1200mm×1800mm）。

PVC字

PVC字，做法和有机片字类似，但是它侧表面比较粗糙，离视点有2米也不易发现这个不足。它的颜色由喷漆控制，可按需调色，也可用有色有机片加上去，类似水晶字的做法。厚度一般由8mm~21mm。如果想要再厚点，可以用两个一样的叠起来。但是会有一条接痕，距离远了也不会影响效果。它可以用在室内和室外，但最好不要让它淋雨。

单价：0.5元/cm起（图2-1-53）。

即时贴字

即时贴字，由即时贴介（刻）出来，有反光、荧光、纹理、磨砂、普通等多种材料，各自的价钱也不同。现在很多玻璃门上、交通标志上都用到它。有很多灯箱就是用这种做法再加上一件奶白有机片来实现的。有些人用这种做法（挑空字）封住物体表面来喷漆（比如汽车、衣服上的字）。通常，这样介出来的字或图案要用到一种叫"转移纸"的透明胶纸来辅助才能好贴，因为它的黏性比即时贴小。但还是有很多人喜欢让"转移纸"先在身上或其他有一点点灰尘的地方粘一下以降低其黏性。

规格有：45cm、60cm、108cm、1270cm、1521cm。一卷50~500m。宽幅不一样，每米价钱不等。如规格45cm的，1.2元/m；规格60cm的，1.7元/m（图2-1-54）。

日光灯（荧光灯）

日光灯：日光灯主要由灯管、镇流器和启动器组成。灯管的两端各有一个灯丝，管中充有稀薄的氩和微量水银蒸气，管壁上涂着荧光粉。镇流器：又叫限流器、扼流圈，是一个具有铁心的线圈。其作用有两个：一是在日光灯启动时它产生一个很高的感应电压，使灯管点燃；二是灯管工作时限制通过灯管的电流不致过大而烧毁灯丝。

图2-1-51 泡沫字效果

图2-1-52 水晶字效果

图2-1-53 PVC字效果

日光灯用途：

主要用在灯箱片或灯箱布内打光，距离15~20cm一根，瓦数在40~100W不等。还可用在局部渗光，日光灯管打出来的光比较匀。

常用日光灯的长度和瓦数：20W–584mm，30W–896mm，40W–1196mm。

日光灯的瓦数越大的，其亮度较大，相对的耗电量亦较大。瓦数越小的，其亮度较小，相对的耗电量亦较小（图2-1-55）。

⑤ 灯具

T型灯管

T型灯管主要用在吊顶、背景墙、玄观等处。现在常用的是T8、T5、T4灯管。前两年常用的有T10、T12。

图2-1-54　即时贴字效果

T型灯管的"T"是代表"tube"，表示管状。后面那个数字才是表示1/8英寸（1英寸约合2.5cm）的倍数。每一个"T"就是1/8英寸。所以，T8直径为25.4mm，T5直径为16mm，T4直径为12.7mm，T12直径为38.1mm，T10直径为31.8mm。

理论上，越细的灯管效率越高，也就是说，相同瓦数发光越多。而实际使用中，细的灯管容易隐蔽，使用场合也灵活。

T5、T4的灯管都采用了微型支架的形式，就是镇流器含在支架的微型空间里面。这种镇流器的效率和质量一般都不大好，导致应该很高效率的灯管反而不如常规的T8灯管亮，寿命方面也有点打折（图2-1-56、图2-1-57）。

图2-1-55　日光灯

T5 灯管

T5灯管各瓦数的长度——T5 灯管直径16mm，及1/5 英寸，长度如下：24W A=549.0，C=563.239W，A=849.0，C=863.2；54W A=1449.0，C=1463.249W，A=1149.0，C=1163.2；80W A=1449.0，C=1463.2，其中A代表灯管长度，C代表灯管两端触点之间的距离。

图2-1-56　T4、T5灯管

T5荧光灯的设计寿命为10000小时，是普通T8、T12的两倍，灯管的实际使用和更换数量也有较大差距，整体维护成本较低。同时，体积小重量轻安装维修便利，另外，T5荧光灯的显色指数为82，普通荧光灯为65。T5荧光灯可以更加真实地反映建筑物的本来面目，有效防止色光使用不当而破坏建筑风格，从而使照明效果更加理想。

图2-1-57　T型灯管效果

T4 灯管的规格

T4-220V-8W：317mm；T4-220V-12W：419mm；

T4-220V-16W：464mm；T4-220V-20W：510mm；

T4-220V-22W：710mm；T4-220V-24W：846mm；

T4-220V-26W：1000mm；T4-220V-28W：1149mm。

T5 和T4 灯管的区别

a. 直径不同，16mm VS 13mm；

b. 亮度不同，理论上应该是T4效率高，但由于镇流器的品质问
题，现在很多T4 都不如T5 来得亮。

c. 寿命和稳定性不同，T4不如T5成熟，所以目前寿命比T5要稍
微短一些。

图2-1-58　射灯

射灯

射灯可安置在吊顶四周或家具上部，也可置于墙内、墙裙或踢脚
线里。光线直接照射在需要强调的家什器物上，以突出主观审美
作用，达到重点突出、环境独特、层次丰富、气氛浓郁、缤纷多
彩的艺术效果。射灯光线柔和，雍容华贵，既可对整体照明起主
导作用，又可局部采光，烘托气氛（图2-1-58）。

射灯是一种高度聚光的灯具，它的光线照射是具有可指定的特定
目标的。主要是用于特殊的照明，比如强调某个很有味道或者是
很有新意的地方，如电视墙、挂画、饰品等，可以打出光韵以增
强效果。

射灯一般可以分为轨道式、点挂式和内嵌式等多种。射灯一般带
有变压器，但也有不带变压器的。内嵌式的射灯可以装在天花板
内。射灯主要用于需要强调或表现的地方。

图2-1-59　长臂射灯

长臂射灯

长臂射灯主要用于展览摊位的照明，挂于展墙上方。用在展板的
灯亮，或者标志性文字的照亮，它的光圈相对较大，亮度还不
小，瓦数在60~100W（图2-1-59、图2-1-60）。

图2-1-60　长臂射灯效果

吸顶灯

吸顶灯常用的有方罩吸顶灯、圆球吸顶灯、尖扁圆吸顶灯、半圆
球吸顶灯、半扁球吸顶灯、小长方罩吸顶灯等。吸顶灯适合于客
厅、卧室、厨房、卫生间等处照明。另外，吸顶灯可直接装在天
花板上，安装简易，款式简单大方，赋予空间清朗明快的感觉。

吸顶灯内一般有镇流器和环行灯管，镇流器有电感镇流器和电子
镇流器两种，与电感镇流器相比，电子镇流器能提高灯和系统的
光效，能瞬时启动，延长灯的寿命。与此同时，它升温小、无噪

声、体积小、重量轻、耗电量仅为电感
镇流器的1/3 ~ 1/4，吸顶灯的环行灯管有
卤粉和三基色粉的，三基色粉灯管显色性
好、发光度高、光衰慢；卤粉灯管显色性
差、发光度低、光衰快。吸顶灯有带遥控
和不带遥控两种，带遥控的吸顶灯开关方
便，适合用于卧室中（图2-1-61）。

图2-1-61　吸顶灯

图2-1-62　筒灯

图2-1-63　筒灯现场效果

图2-1-64　金卤灯

图2-1-65　导轨式金卤灯

图2-1-66　嵌入式金卤灯

筒灯

筒灯一般装设在卧室、客厅、卫生间的周边天棚上。这种嵌装于天花板内部的隐置性灯具，所有光线都向下投射，属于直接配光。可以用不同的反射器、镜片、百叶窗、灯泡来取得不同的光线效果。另外，由于筒灯一般都被安装在天花板内，一般吊顶需要在150mm 以上才可以装（图2-1-62、图2-1-63）。

筒灯大体上分两种，一种是装节能灯的，另一种是低电压灯，前者的筒灯进深最短只有10cm，而后者可以到6cm。另外就是光源，节能灯实惠，耐用，坏了好换，而后者不方便维修。

筒灯一般有大（5寸）中（4寸）小（2.5寸）三种。大号目前的市场价格为15~20元，中号为28~32元，小号为36~48元。以上价格都不含光源。筒灯有横插和竖插两种，横插价格比竖插要贵少许。

金卤灯

金卤灯是通过交流电源工作，在汞和稀有金属的卤化物混合蒸气中产生电弧放电发光的放电灯（图2-1-64）。

主要特性和优点：

a.　超高光效可达100流明/瓦；

b.　日光色色温接近6000K；

c.　高显色性，显色指数高于90；

d.　热启动能力；

e.　可调光；

f.　使用寿命长（数千至2万小时）。

适用于酒店、商场、服装专卖店等商业连锁店、家具展厅、汽车展厅、珠宝首饰、陶瓷卫浴等商业场所和展览展示场所。

金卤灯有导轨式（图2-1-65）、嵌入式（图2-1-66）两种。

金卤灯泡主要规格：

型号	电压	功率	寿命
MSD150：	90V，	150W，	750H；
MSD200：	70V，	200W，	1000H；
MSD400：	70V，	400W，	1000H；
MSD575：	95V，	575W，	750H。

大功率金卤灯的功率为175W，250W，400W，其特点：体积小，光效高，耗能低，寿命长，光通量维持性能好。适用于室内照明，走廊照明，商业照明，泛光照明，停车场照明，庭院照明，展览中常用其作为场景照明的工具。

色温：Tc=4000K，显色指数：Ra=65。

小功率的金卤灯额定功率为5W、10W、14W、21W、24W、32W和35W，额定电压为12V，功率小，亮度高，显色性好，节能环保。

⑥ 地面制作

地毯

展览地毯

一般使用350~450克地毯作为展览地毯，一次性使用的材料（图2-1-67）。

图2-1-67　展览地毯

方块地毯

方块地毯是按照地毯的铺设方法和形状规格来划分的一种地毯品种。方块地毯按照使用用途可分为图案块毯和满铺块毯，图案块毯主要用于室内的装饰和某一特定位置铺垫，如工艺挂毯，厅毯，茶几毯，门毯等。满铺块毯的主要用途和其他机制地毯是一样的，都是以地面铺设的方式来达到静音，舒适，美观的地面效果。由于铺设方法简单方便和形状小巧，这种地毯在办公室，机房等地非常受欢迎。方块地毯的规格比较小，一般为50cm×50cm或者60cm×60cm，以大量的拼合来铺设地面，所以也叫拼块地毯，主要特点为可重复使用（图2-1-68）。

图2-1-68　方块地毯

腈纶地毯

腈纶地毯是一种复合式地毯，主要由腈纶印花绒布、弹性海绵体和无纺布三部分组成，在腈纶印花毛绒布与无纺布之间增加了一层弹性海绵体，使之具有一定的弹性。在生产工艺技术上采用的火焰黏合或复合胶黏合的复合工艺技术，使这三部分结合为一体。采用的腈纶印花毛绒布鲜艳美观，富有立体感和美观及造型新颖，具有成本低、重量轻、易于搬动和洗涤、干燥快、耐防腐力强、强度好、耐太阳晒、使用方便以及制造工艺简单、用工少、生产速度快等优点和效果（图2-1-69）。

图2-1-69　腈纶地毯

羊毛地毯

羊毛栽绒地毯以棉纱合股的绞纱作为经纬线，织出地毯底基。栽绒一般以绵羊毛为原料，也有用少量的山羊毛；或在羊毛中掺入骆驼毛、牛毛等，以便利用它们的天然毛色，织出相应色彩的图案。以羊毛为栽绒原料的手工栽绒地毯具有良好的弹性、牢度、保温、吸潮、消音等性能，是手工地毯中数量最多的品种（图2-1-70）。

图2-1-70　羊毛地毯

图2-1-71 真丝地毯

图2-1-72 人造草坪

图2-1-73 塑胶地毯

第二章 项目与实训

真丝地毯

真丝地毯用天然丝线为原料，首先在表格上勾图并在每一个坐标点上用不同的符号代表不同颜色的线标示出来，以便织工依图编织。传统上使用天然的植物颜料（蓝靛，红花，橡壳等）把丝线染色，但现在更多使用化学颜料染色。一般而言，一块丝毯要用上三十来种不同颜色的丝线（图2-1-71）。

人造草坪

人造草坪根据草丝长短可分为长丝、中丝和短丝三类，根据草丝形状可分为直丝、曲丝和卷丝三类；根据场地的需要可分为休闲草和运动草两类。其适应范围：足球场、篮球场、羽毛球场、排球场、高尔夫球场、幼儿园、休闲等运动场所。展览中模拟花园效果也常使用该材质地板。人造草坪可全天候使用，使用生命长，对基础要求较低，施工周期短，施工时对周围环境不污染，保养方便、抗老化、防晒、防水、防滑、耐磨、色泽鲜艳，经久不褪色，拉力、渗水性、弹性均较高，透气、透水性能好，具有优良的物理化学性能，其产品优点：可在各种类型基础表面安装，外观舒适美观，使用率高，减震，富有弹性，有足够的缓冲力，阻燃性能好，抗紫外线能力强，维护保养简单，费用低，材质环保，安全无毒，不含重金属（图2-1-72）。

塑胶地板

塑胶地板是PVC地板的另一种叫法。主要成分为聚氯乙烯材料，PVC地板可以做成两种，一种是同质透心的，就是从底到面的花纹材质都是一样的。还有一种是复合式的，即最上面一层是纯PVC透明层，下面加上印花层和发泡层（图2-1-73）。

产品性能：

耐磨抗压性；防火性能；柔韧性；抗化学性能；静音性能；防滑性能；防尘性能；耐污染性能；防静电性能。

适用范围：

a. 电子工厂、服装工厂、学校、医院、机场、仓库、商务办公楼、政府机构、超市、娱乐场所；

b. 高人流量的交通区域：站台、走廊、入口处、大厅、电梯口、商场、餐馆、功能储存区域；

c. 特别推荐使用场所：配备铲车、手推小货车、带托盘小货车以及其他配有大型设备的工业和商业区域；

d. 展览中一般在制作固定展厅时会使用这种地板。

单价：60~120元/m²

地台

采用钢木结构制作地台，一般展览地台的高度为10cm，采用工程板做表面板材，再搭配地毯来制作。一般地毯采用租用的方式采购（图2-1-74）。

发光地台

一般采用钢架龙骨和木板贴面生产制作，内发光钢化玻璃地台。广泛应用于路演、户外促销、互动活动会场和其他的临时活动（图2-1-75）。

木地板

木地板基本可以划分为两类：实心木地板（图2-1-76）和实木复合地板（图2-1-77）。实心木地板从头到底都是由一整块实心的木材制成。实心木地板的厚度不尽相同，但一般都在3/4~5/16的范围内。实心木地板可应用于家中任何位于或高于地平面的房间中。实木复合地板是由三到五层不同的木材单板压制而成的实木地板，其中的称为芯层，最底层的则称为背

图2-1-74　地台效果

图2-1-75　发光地台效果

图2-1-76　木地板

图2-1-77　实木复合地板效果

层。每一层单板既可以选用相同的树种制成，也可以采用不同的品种，但实木复合地板的表层或顶层一般都采用高品质木材制成。

⑦ 钢铁材料

钢铁材料也是在展位的搭建中经常用到的材料，特别是大跨度结构上必须用钢铁材料作为主要支撑材料，才能确保结构的安全性。

铁板（图2-1-78）

角钢（三棱、四棱）

角钢俗称角铁，是两边互相垂直成角形的长条钢材，横截面为L形。有等边角钢和不等边角钢之分。等边角钢的两个边宽相等。其规格以边宽×边宽×边厚的毫米数表示。如"∠30×30×3"，即表示边宽为30mm、边厚为3mm的等边角钢。也可用型号表示，型号是边宽的厘米数，如∠3#。型号不表示同一型号中不同边厚的尺寸，因而在合同等单据上将角钢的边宽、边厚尺寸填写齐全，避免单独用型号表示。热轧等边角钢的规格为2#～20#。等边角钢规格：20mm×20mm~75mm×75mm，厚度1.5mm~7.0mm。角钢强度大，支撑力强，可按结构的不同需要组成各种不同的受力构件，也可作构件之间的连接件。

广泛地用于各种建筑结构和工程结构，如房梁、桥梁、输电塔、起重运输机械、船舶、工业炉、反应塔、容器架以及仓库货架等（图2-1-79）。

图2-1-78　铁板

图2-1-79　角钢

图2-1-80　工字钢

图2-1-81　槽钢

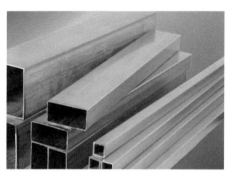

图2-1-82　方钢

图2-1-83　圆钢

工字钢（做大型结构）横截面是工字形（图2-1-80）。

槽钢（做大型结构）

槽钢是截面为凹槽形的长条钢材。其规格表示方法，如120mm×53mm×5mm，表示腰高为120mm、腿宽为53mm的槽钢、腰厚为5mm的槽钢，或称12#槽钢。腰高相同的槽钢，如有几种不同的腿宽和腰厚也需在型号右边加a b c 予以区别，如25a# 25b# 25c#等。槽钢分普通槽钢和轻型槽钢。热轧普通槽钢的规格为5~40#。经供需双方协议供应的热轧变通槽钢规格为6.5~30#。槽钢主要用于建筑结构、车辆制造和其他工业结构，槽钢还常常和工字钢配合使用（图2-1-81）。

方钢即轧制或加工成方形截面的钢材（图2-1-82）。

圆钢

圆钢是指截面为圆形的实心长条钢材。其规格以直径的毫米数表示，如"50"即表示直径为50mm的圆钢。圆钢分为热轧、锻制和冷拉三种。热轧圆钢的规格为5.5~250mm。其中5.5~25mm的小圆钢大多以直条成捆供应，常用作钢筋、螺栓及各种机械零件；大于25m的圆钢，主要用于制造机械零件或作无缝钢管坯（图2-1-83）。

实践任务一

▶▶ 课程概况

课题名称：材质的设计表现

课题内容：材质在软件中实现不同质感、肌理和色彩的表现技巧

课题时间：4课时

训练目的：提升学生的软件能力，并能区分不同材质的不同表现技法，为以后的展示设计效果图表现打好良好的基础。

教学方式：1．综合已进行过的练习，分析材质的特点。

2．熟悉要表现材质的特性及其应用范围。

3．除理论部分外学生应该以实际上机操作为主。

教学要求：1．软件上能熟练操作材质的表现。

2．材质表现应当真实细致。

3．作业要求：作业表现形式应以3Dmax软件和VRay渲染器实现。

　　　　　　用其他辅助软件标明其材质名称、特性及其规格。

作业评价：此练习为基本软件练习加对材料特性的理解度，每个学生必须熟练掌握，作业只分及格或不及格。对于不及格者要求课后重做。

相关知识点

材质肌理是艺术空间造型的一个重要构成要素，肌理是物体表面形成的3D结构产生的特殊品质，对人的知觉产生特殊的平滑或粗糙的映像和感受。肌理有视觉肌理和触觉肌理之分。视觉肌理是一种用眼睛感觉的肌理，如绘画特殊笔触、装饰特殊纹样等，多是2D平面肌理。触觉肌理是3D立体的肌理，用手能触摸感觉到，由于人们触觉物体的长期体验，以至于不必触摸，用视觉就能观察到质地的变化。物体表面的组织纹理结构在光亮作用下，会产生特殊的效果或给人的触觉留下特殊刺激感觉，能加强形象感染力，所以在设计中被广泛应用展示材料的应用。

3ds Max除了强大的建模功能外，还具有十分强大的材质功能，配合使用3ds Max优秀的渲染器VRay，可以轻松模拟出木料以及石材的材质。除此之外，3ds Max结合VRay材质还能轻松模拟出金属的高反射和高光泽度效果，并能快速地模拟出带有颜色的玻璃材质效果。

VRay材质在表现塑料、合成材料等特殊材质方面，也具有突出的作用，除了上述材质以外，使用VRay材质还可以模拟纺织材料、涂料与喷绘材料、陶瓷、皮料材质。

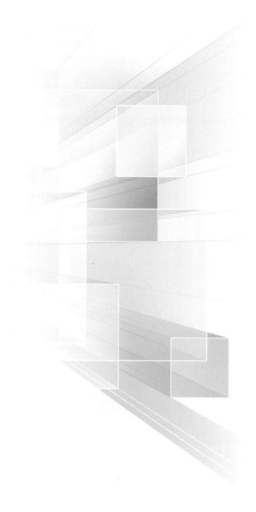

案例分析

在展览展示设计中，木材是使用比较广泛的一种材料。在使用ads Max和VRay来表现木材之前，首先需要了解木材有哪些特点：天然的木料因其表面不光滑，木纹凹凸明显，而表现出木材表面反射很弱、表面的凹凸效果较强，但是经过人们加工打磨或者为木料的表面喷油漆之后，木材的表面会表现出较好的光滑性以及较强的反射效果，如木质地板（图2-1-84至图2-1-86）。

图2-1-84 凹凸木材表现

图2-1-85 漆面木材表现

图2-1-86 亚光木材表现

在日常生活中，石材是一种十分容易获得，而且使用十分普遍的建筑和装饰材料。这些石材的用途不同，石材的颜色、纹理等材质质感都有着一定的差别。用于室外景观雕塑的石材，属于常见的青石，且石材表面凹凸效果明显，石材用于室内大厅的装饰表现，因此采用质地和色感都比较好的大理石，而且石材表面都经过仔细打磨，石材表面比较光滑（图2-1-87至图2-1-89）。

陶瓷材料是日常生活中常见的一种材料，例如室外马路上的粗陶地砖、室内的陶瓷地砖、壁砖，这些陶瓷都属于粗陶的范围。日常生活中所使用的盖碗、艺术瓷器，都属于瓷器，是陶瓷发展的更高阶段（图2-1-90至图2-1-92）。

金属材质的物品在展览展示设计乃至日常生活中使用极为广泛，如汽车展馆中的不锈钢围栏、生活中常使用的不锈钢刀叉等。不锈钢金属材质只是金属类型材质中的一种。在学习制作材质时，要融会贯通，通过学习一种金属材质即可掌握一系列金属材质的制作方法。在制作金属材质时，要考虑不同类型的金属，其表面的颜色、反射强弱、凹凸效果都会存在一定的差别，而且如果金属表面生锈，那么金属的高反射等属性就不一定依然存在（图2-1-93至图2-1-95）。

图2-1-87 普通石材表现

图2-1-88 类大理石表现

图2-1-89 凹凸石材表现

图2-1-90　有色陶瓷表现

图2-1-91　常见陶瓷表现

图2-1-92　亚光陶瓷表现

图2-1-93　亚面不锈钢表现

图2-1-94　凹凸纹理金属表现

图2-1-95　亮面金属表现

图2-1-96　有色玻璃表现

图2-1-97　毛玻璃表现

图2-1-98　半透明玻璃表现

玻璃因其耐腐蚀、抗冲刷力强、易于清洁、时尚等特点，常常被应用于防腐、防污以及美观需要较高部位的表面装饰。在日常生活中，也时常能看到玻璃材质的应用，如玻璃杯、啤酒瓶、跳棋的玻璃棋子、玻璃艺术品等。其他如亚克力，透明有机板的表现方法和玻璃的表现方法相似（图2-1-96至图2-1-98）。

纺织材料在展示设计中的应用是比较广泛的，使用3ds Max和VRay材质能制作出各种真实的纺织材料。在使用3ds Max和VRay材质模拟纺织材料时，要注意纺织材料会因为其使用的纺织原材料的纤维粗细程度不同，表现出不同的粗糙程度。展会常用地毯的表现方法可参照纺织材料的表现方法（图2-1-99至图2-1-101）。

在展示设计中，皮料以其时尚、高贵、天然等特点深受展示设计师的青睐。皮料会因其表面不同的处理方式，表现出不同的效果。例如，将毛皮材料的表面进行磨砂处理，就可以得到比较粗糙的皮料效果；而使用抛光机对皮料的表面进行抛光处理，就可以使原本粗糙的皮料表面变得十分光滑，皮料表面也表现出比较好的反射效果和高光效果。而作为皮包类皮具的皮料，表面粗糙度与反射度都会介于以上两种皮料之间（图2-1-102至图2-1-104）。

塑料材质因其质地与材料的不同，也会表现出不同的质感效果，例如表面光滑、反射效果较强的塑料，也有表面粗糙、反射效果较弱的类似于磨砂的塑料（图2-1-105至图2-1-107）。

使用3ds Max和VRay来模拟涂料，油漆和喷绘材料的材质（图2-1-108至图2-1-110）。

图2-1-99　带花纹布料表现

图2-1-100　绒面布料表现

图2-1-101　地毯类表现

图2-1-102　常见皮料表现

图2-1-103　抛光处理皮料表现

图2-1-104　粗糙表面皮料表现

使用3ds Max和VRay来模拟其他特殊的材料（图2-1-111至图2-1-113）。

对于一些特殊材质的表现，应该学会用软件里特殊贴图的技巧，学会灵活变通，举一反三。

图2-1-105　光滑塑料表现

图2-1-106　磨砂塑料表现

图2-1-107　半透明塑料表现

图2-1-108　烤漆表现

图2-1-109　涂料表现

图2-1-110　有色涂料表现

图2-1-111　竹藤材料表现

图2-1-112　镂空金属表现1

图2-1-113　镂空金属表现2

3．展示材料的应用

空间界面材料选用和表现

展示材料在空间三界面的运用，指的是展示材料在墙面、地面、顶棚及各种隔断空间中的具体运用。空间中的这三个界面有其各自的功能和结构特点。在绝大多数空间中，这些界面边界是分明的，但有时由于某种功能和艺术上的需要，使得它们之间的边界并不那么明显，甚至混为一体。这就需要我们对材料的形、色、光、质等各方面的运用做到恰如其分。

① 顶面

空间的顶界面最能反映空间的形状及关系。通过对空间顶界面的处理，可以使空间关系明确，达到建立秩序、分清主次、突出重点和中心的目的。

顶棚界面的作用：首先，它是设备设施的储藏处；其次，为衬托地上部分的商品展示，顶棚界面多设计成简洁、整体的形象；最后，它是创造特定的空间气氛与品位的媒介。

顶棚的设计要点：总体的布局应该与平面相一致，密切配合平面设计的功能分区，充分发挥天花板对空间的界定作用，合理划分出各个销售展区的空间层次和引导顾客的流向线。天花板具有空间标高的可变性，应该利用这一特性在合适的局部创造出各种富有变化的空间造型组成要素。顶棚材料的运用应该尽量在同一层，以1~2种为主，在统一中求变化。

另外，设计师在设计时除要考虑其本身材料的属性、造型、色彩特性，要考虑灯具的设计和布置与艺术效果的关系；还要注意以恰当的尺度和构图方式等进行美化。平顶式的天花板在空间的一部分或大部分没有高度的变化，是经常采用的形式。给人的感觉是统一、平淡，有利于灯具组合及各种管线的架设。如果是复式天花板，在空间的一部分或大部分有1-2个高度的变化，变化的边缘经常采用阶梯式并且隐藏灯具的处理方法。同平顶天花板相结合是商业空间经常使用的基本形式，使用这种组合在商场空间分割中最为有效。

顶棚装饰所用的材料：一般要用不可燃的材料，选用各类石膏板、铝型材、水泥纤维板、铝合金扣板、如

结构一般采用轻钢龙骨，面材一般条板、木质板材、玻璃、塑料等，这些材料一般较为环保。

② 地面

地面要满足防滑、防水、防潮、防静电、耐磨、耐腐蚀、隔声、吸声、易清洁的功能要求。作为展示陈列物的背景，地面起着陪衬和烘托的作用。地面的设计要配合总的平面设计，划分出走道、各销售区、主要空间、门厅、楼梯间、辅助空间等空间区域。

地面的色彩、质地和图案在整个空间中的用途与大小应协调。商业展示中，现代商场地面颜色的设计趋势是明快、简洁、整齐、统一。走道与销售区宜用不同材料或不同颜色区分开，走道拐角处、交叉处、走道与扶梯交界处，可做分色处理或设计图案，不但美化空间，而且使这些部位有简单功能得以吸引人的注意力。

地面一般提倡无高差、无阻碍设计。若因各种原因、局部造型或陈列内容的需要有高差级别的，应该在高低差之间区别材料的种类、颜色或设计不同的图案，以提醒人们注意。现代商业展示空间的地面材料一般选用大理石、花岗岩板、抛光地砖、耐磨亚光地砖等，也采用地毯、木料等材料。这些材料吸声、吸尘、弹性好，在其上面行走时不易疲劳；此外还有橡胶板及地板专用胶板等，均是现代商业展示中理想的地面材料。

③ 墙面

要想获得理想的空间艺术效果，必须处理好墙面的空间形状、质感、纹样及色彩诸因素之间的关系。例如，墙面线条与纹理横向划分，可使空间向水平方向延伸，给人以安定的感觉；墙面线条与纹理纵向划分，可增加空间的高耸感，使人产生兴奋的情绪。对于室内比较低矮的空间一般采取纵向划分的处理手法，这样可以抵消空间给人造成的压抑感。大图案可使空间界面向前提，空间有缩小之感；小图案可使空间界面后退，空间有扩大之感。在墙面的处理中，应根据室内空间的特点，处理好空间形状、质感、纹样及色彩等。同时还要处理好与门窗的关系，通过墙面的处理体现出空间的节奏感、韵律感和尺度感。墙面还应具有挡视线、隔声、吸声、保暖、隔热等功能。

对于商业空间的墙面装饰要与商品的性质、顶棚和地面的装饰形式及整个环境气氛相协调。一般商业展示空间的墙面是作为商品陈列的背景，起到烘托陪衬的作用，因此，为了突出商品，墙面的设计应该做到淡雅、简洁、整体、统一，避免过分渲染。

作为分割而形成的隔断，可分为实体和虚拟两种，其高低、大小、宽窄、虚实不一，层面丰富。有为阻挡行为的隔断，有为阻挡视线的隔断，有承重分割的隔断，有灵活的隔断，有固定秩序的分割，还有意向界定的分割等。在商业空间运用时，应该注意在适当的部位，根据商品陈列的需要进行分割。

在商业空间中的墙面，还可以具备必要分割空间的功能、商品陈列的功能、商品存放的功能和空间美化的功能。

顶面材料

"顶"是装饰工程中的另一个装饰面，它是室内空间的顶界面。顶面都会有框架结构，常常隐藏在顶面面材内。顶面材料的使用，除了要考虑顶面材料与顶面框架结构材料的组合装饰外，还要考虑空间高度、功能的要求。

龙骨——木龙骨、铝合金龙骨（图2-1-114、图2-1-115）。

龙骨——在展览展示空间中，用来承受墙面、柱面、地面、顶棚等基层材料的受力架主要起固定、支撑和承受的作用。

骨架材料一般有轻钢龙骨、铝合金龙骨材料和木骨架基层材料。

图2-1-114　铝合金龙骨　　　　图2-1-115　木龙骨　　　　图2-1-116　展示效果

吊顶的安装：a. 普通明架、半明架龙骨的安装方式同矿棉板的安装，龙骨的选择应当注意板材尺寸（一般为600mm×600mm或600mm×1200mm）与之相配合，吊筋比普通矿棉板的龙骨稍微密一点。b. 顶部为木龙骨的安装方式同墙面木龙骨的安装。c. 顶部为轻钢龙骨时使用自攻螺丝把板材固定在龙骨上，在喷色之前应当用腻子把钉眼修平（图2-1-116至图2-1-118）。

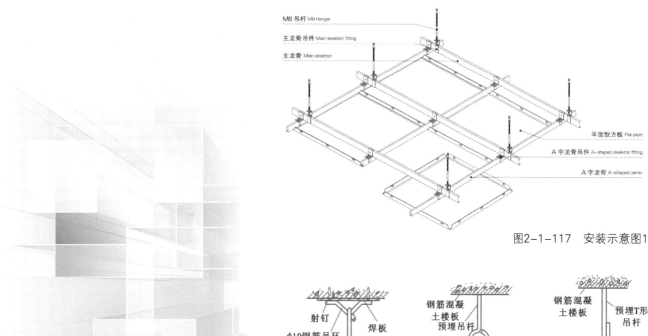

图2-1-117　安装示意图1

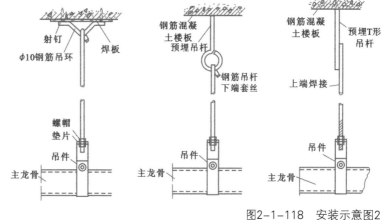

图2-1-118　安装示意图2

顶面−矿棉板

矿棉板是以矿渣棉为主要原料，加适量的添加剂，经配料、成型、干燥、切割、压花、饰面等工序加工而成的。

矿棉吸声板具有吸声、不燃、隔热、装饰等优越性能，是集众吊顶材料之优势于一身的室内天棚装饰材料（图2-1-119至图2-1-121）。

图2-1-119　矿棉板

图2-1-120　矿棉板效果1

图2-1-121　矿棉板效果2

顶面–格栅顶棚

格栅吊顶由铝格栅元件及U型龙骨共同组成轻盈简洁、大方美观、安装极为简便，最大限度满足灵活配合的设计需求，适合大面积顶面空间使用。

施工工艺流程：吊杆——弹吊顶标高线——标高线以上刷黑色涂料——安装水、电、通风管道——安装周圈矿棉板吊顶——金属格栅初步安装——设置吊顶起拱位置和高度。按吊顶起拱线调整消防喷淋头高度——设备调试——按起拱高度调整金属格栅——调直消防喷淋头直顺——安装灯具——细调格栅直顺（图2-1-122、图2-1-123）。

顶面–石膏板

它以石膏为主要材料，加入纤维、黏结剂、改性剂，经混炼压制、干燥而成。具有防火、隔音、隔热、轻质、高强、收缩率小等特点且稳定性好、不老化、防虫蛀，可用钉、锯、刨、粘等方法施工。

广泛用于吊顶、隔墙、内墙、贴面板。

石膏板特点是轻质、绝热、不燃、可锯可钉、吸声、调湿、美观。但耐潮性差。石膏板主要用于内墙及平顶装饰，隔离墙体，保温绝热材料，吸声材料，代木材料等（图2-1-124）。

图2-1-122　格栅顶棚1

图2-1-123　格栅顶棚2

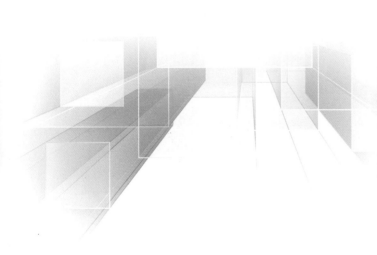

图2-1-124　石膏板效果

顶面-帆布

当然也有一些展示厅会运用一些特别的材料装饰顶面，从而达到另一种视觉效果——帆布。

帆布（各种防雨布）软材料是人最亲近的材料，具有一种亲和力，它柔软、温暖、亲和、友好、随意、可塑，给人的心理感受是深刻和无限的（图2-1-125至图2-1-127）。

图2-1-125　帆布顶面效果1

图2-1-126　帆布顶面效果2

图2-1-127　帆布顶面效果3

组合式吊顶

金属框架和有机玻璃组成的顶部（图2-1-128）；

金属框架与灯具的结合（图2-1-129）；

金属架与展示布的组合顶面（图2-1-130）。

图2-1-128　组合式吊顶1

图2-1-129　组合式吊顶2

图2-1-130　组合式吊顶3

展板、展墙

展板——承载展示信息的载体，根据材质，比较常见的有KT板、PVC板、亚克力展板、钢化玻璃展板、木质展板、防紫外线户外展板之类。

KT板是一种由PS颗粒经过发泡生成板芯，经过表面覆膜压合而成的一种新型材料。板体挺括、轻盈、不易变质、易于加工，并可直接在板上丝网印刷（丝印板）、油漆（需要检测油漆适应性）、裱覆背胶画面及喷绘用于产品宣传信息发布的展览、展示及通告用装裱衬板（图2-1-131）。

PVC板，又称吸塑板，是用PVC靠真空抽压在基材表面上的。有立体造型，由于整体包覆，防水防潮性能较好，有多种颜色和纹路可选择。但表面容易划伤、磕伤，不耐高温，在涂胶过程中胶的水分会浸入基材中，板材容易变形（图2-1-132至图2-1-133）。

图2-1-131　KT板

图2-1-132　PVC板

图2-1-133　PVC板展示效果

展板-聚酯展板

聚酯展板格栅吊顶由铝格栅元件及U型龙骨共同组成轻盈简洁、大方美观、安装极为简便，最大限度满足灵活配合的设计需求。适合大面积顶面空间使用。

规格为：1000mm×2500mm 1220mm×2440mm

聚酯展板——具有板面装饰效果佳、清洁性好特点，使用中的问题主要为表面易擦划伤、锯切易崩边、遇高强度胶带粘贴表面易破损（图2-1-134）。

图2-1-134　聚酯展板展示效果

展板-软布

展示布也是承载展览信息的一种，承载信息量大便于现场安装拆卸，现在已被设计师广泛使用（图2-1-135、图2-1-136）。

图2-1-135　软布应用效果1

图2-1-136　软布应用效果2

展墙-亚克力

压克力由甲基烯酸甲酯单体（MMA）聚合而成，即聚甲基丙烯酸甲酯（PMMA）板材有机玻璃具有高透明度，透光率达92％，有"塑胶水晶"之美誉。

且有极佳的耐候性，并兼具良好的表面硬度与光泽，加工可塑性大，可制成各种所需要的形状与产品（图2-1-137、图2-1-138）。

图2-1-137　亚克力展示效果1

图2-1-138　亚克力展示效果2

图2-1-139　内打灯软膜效果

图2-1-140　软膜展墙效果

图2-1-141　软膜造型效果

图2-1-142　软膜色彩搭配效果

图2-1-143　软膜写真喷绘效果

展墙-软膜

膜结构，又叫张力膜结构，是以建筑织物，即膜材料为张力主体，并与金属支撑构建及拉索共同组成的结构体系。

膜材料是由织物基材（玻璃纤维、聚酯长丝）和涂料（PTEE、硅酮、PVC）复合而成的涂层织物，具有不燃性、透光性、耐久性、不易受污染、张力强度高的特点。

膜材料具有半透明性，并散射光线，消除眩光，能将光线广泛地漫射到其内部空间——透光性。

膜结构外形美观，标志性强，给人以很强的艺术感染力——造型的艺术性。

膜材料表面采用特殊的防护涂层，具有良好的自洁抗污性能——良好的自洁性。

膜结构所有加工和制作均可在工厂内完成，现场只需进行安装即可——施工快捷性（图2-1-139至图2-1-141）。

立体软膜的安装步骤：

a.　根据图纸设计要求，在需要安装软膜位置四周围固定支撑龙骨（可以是木方或方钢管）。

附注：有些地方面积比较大时要求分块安装，以达到良好效果。这就需要在中间位置加一根木方条子。这是根据实际情况再实际处理。

b.　当所有需要安装的龙骨固定好之后，再安装软膜。先把软膜打开用专用的加热风炮充分加热均匀，然后用专用的插刀把软膜张紧，插到龙骨上，最后把四周多出的软膜修剪完整即可。

c.　安装完毕后，用干净毛巾把软膜天花清洁干净（图2-1-142、图2-1-143）。

地面-地面涂料

聚氨酯弹性地面涂料有较高的强度和弹性，良好的粘贴力。

涂铺地面光洁不滑，弹性好、耐磨、耐压，行走舒适，不积尘，易清扫，可替代地毯使用，施工简单，可代替水磨石和塑料地面（图2-1-144至图2-1-146）。

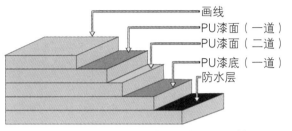

画线
PU漆面（一道）
PU漆面（二道）
PU漆底（一道）
防水层

图2-1-144　聚氨酯弹性地面涂料结构示意图

图2-1-145　聚氨酯弹性地面涂料施工工艺

图2-1-146　聚氨酯弹性地面涂料展示效果

地面-玻璃地台

在装饰日益崇尚现代主义风格的新潮中，玻璃地台日益受到设计师的喜爱。玻璃地台使厚重的展览物品变得轻盈（图2-1-147至图2-1-149）。

图2-1-147　玻璃地台

图2-1-148　玻璃地台效果1

图2-1-149　玻璃地台效果2

展墙-磨砂玻璃（毛玻璃）

毛玻璃是用金刚砂等磨过或以化学方法处理过，表面粗糙的半透明玻璃，也就是磨砂玻璃的俗称 常用作承载信息的展板。

具有一定的透光性，内置灯光，可达到很好的展示效果。

长条的磨砂玻璃制作独特的酒柜，充满现代感。

采用半透明的磨砂质玻璃，像一个巨大的发光体，给人强烈的视觉冲击（图2-1-150、图2-1-151）。

展墙-灯光墙

展墙-U型玻璃（图2-1-152）

U型玻璃是一种型材玻璃，因而其强度大于普通平板玻璃，由于表面压细花纹，因此对可见光产生漫反射，对外既不产生"光污染"，对内又避免眩光，它又能自相组合成类似中空玻璃的安装，所以具有隔热保温和防结露等功能。

U型玻璃因本身具有较高的刚度，因此使用长度也高，通常在6m左右，弥补了玻璃幕墙分割较多而带来的安全性不足。

U型玻璃的使用范围广，机场、体育场馆、教学楼、医院等公共建筑，也可进入酒店、宾馆的内隔断，由于它安装方便、容易组合，对圆弧面的建筑也能应用自如（图2-1-153）。

图2-1-151 磨砂玻璃展示效果2

图2-1-152 灯光墙效果

图2-1-150 磨砂玻璃展示效果1

图2-1-153 U型玻璃展示效果

图2-1-154　玻璃爪　　　　图2-1-155　玻璃爪应用1　　　　图2-1-156　玻璃爪应用2

展墙–玻璃爪

玻璃爪在玻璃展板的安装过程中经常会用到，这样
提高了玻璃展板的安全系数（图2-1-154至图2-1-
156）。

展墙–LED灯光墙

PC板是以聚碳酸酯为主要成分，采用共挤压技术
CO-EXTRUSION而成的一种高品质板材。由于其表
面覆盖了一层高浓度紫外线吸收剂，除具抗紫外线的
特性外并可保持长久耐候，永不褪色。PC板连接可
用专用正成企业胶水连接，有效地防漏。

上海石油馆大面积运用LED光源打造奇幻色彩

石油馆四面采用PC板材结合LED背景光源作为建筑
外表皮，面积达3600m²。这是大陆首创采用如此大
面积的异形PC板材作为建筑外表皮，也是首次运用
如此大面积的LED背景光源（图2-1-157至图2-1-
159）。

图2-1-157　LED灯光墙灯光变化效果

图2-1-158　上海石油馆 / 世博会/2008

图2-1-159　LED灯光墙白天效果

实践任务二

▶▶▶ 课程概况

课题名称：空间界面材料选用和表现

课题内容：平面媒介材料现实中的可制作性和对制作价格的可控性

空间界面材料合理性选用和对结构的安全性掌握

课题时间：4课时

训练目的：1．加深对材质的理解，了解材质的规格和物理性能。

2．空间界面材料的工艺和构造。

教学方式：综合已进行过的练习，以效果图渲染进行不同材质在不同平面媒介上的可行性训练。

教学要求：1．材质表现应当真实细致。

2．材质使用合理。

3．掌握平面媒介对材质规格的要求，其制作性符合实际要求。

4．作业表现形式应以3Dmax软件和VRay渲染器实现。

5．材质表现应当真实细致。

6．材质使用合理，对材料的特性和规格大小掌握准确。

7．掌握空间界面材料选用和表现对结构规格的要求，其有可实际制作性。

作业评价：结合材料理论知识完整表现空间界面的结构，顶面、展墙、展板、地面结构合理，材料使用正确。

学生在效果图中的表现的内容应符合实际制作的效果和工艺操作的便利性为主要衡量标准，如效果
图的内容在现实中不能或不易实现，则其对材料的了解不够。

相关知识点

展示活动是信息传播的有效形式和手段之一，也是视觉传达的表现方式之一。展示活动遵循信息传播规律，依从信息传播原则，在信息传播理论的指导下开展活动；遵循艺术设计规律，为展品展示营造信息空间。展示设计是为展示信息有效传递和交流而进行的有价设计活动。

展示空间设计所形成特有的展示环境，是充满信息的展示信息场，是展示空间为信息提供的有效载体，也是信息传递创造展示空间的目的。信息设计通过视听造型艺术语言，将信息主题表象化，构建出一个视觉化与物态化信息场。展示空间造型结构和造型形态本身是视觉化的信息符号语言，体现出展示传播内容和传播信息。展示空间造型是展示设计师对展示信息进行艺术化的处理，对展示主题信息进行艺术加工，构成良好的展示艺术环境（媒介），扩大展示信息传播的效应。展示空间信息设计范围广、信息量大、传播途径更广泛。展示空间设计是展示信息场设计、构建、实施、应用的过程，为信息有效传递营造展示信息传播艺术环境。展示空间设计是围绕信息传播而进行的空间造型搭建，是运用艺术手段扩大信息传播效应。展示活动信息包括展示主题、展会方和场地、参展商、展品信息流方面的内容。展示主题信息是展览会的宗旨，是设计的依据，展览信息媒介的构建要围绕主题而确定。展品信息流包括展品或服务的专业交易信息、资讯信息、企业文化信息等方面。展会方和场地是展示活动的主办方和展示的空间环境，在展示空间设计只有在设计、营造后；其空间物化，展品介入，观众参与之后，信息场才被完整构建。

案例分析

图2-1-160 马克·奎安画展 / 德意志银行 / 德国

马克·奎安画展

德意志银行展出一系列由马克·奎安画的《冬日花园》，这位英国艺术家利用那些看起来像人造植物的相片为这个数码式自然室内设计创造出两种视觉矛盾的效果。自然界的完美是马克·奎安其中一个设计主旨，正如他最新展示的雕塑作品也都是用矽铸造的，这为其作品加添了新元素（图2-1-160）。

客户可以通过眼睛的探索去突破空间表面的意思，对设计表面、物料及主题存在幻想。这样的装饰还为现代化的空间引进些许诗情画意。外墙的墙纸也成了一件巨大的艺术品，模糊了设计、艺术和建筑的界线。设计、艺术、建筑三者之间明显地在互相影响，视觉上的冲击让人过目难忘。宾客们穿过由色彩、灯光和图案组成的折反射效果。来到休息室的主区"纯白的展厅"热情接待所有到访者。设计的单色调色板、弧线形墙体和天花强调了这件耀眼的艺术品。穿过这个空间后，到访者可进入位于两旁的空间，那里展示着许多著名艺术家如Bonaldo、Casamania、Label、Magis等人的作品。地板上泛出柔柔的灯光，营造出亲切又罗曼蒂克的情调。所有房间与私人空间都用萤光色调隔开，营造出一种视觉界线。

中国香港学生生活展（图2-1-161）
虽然文字和影像都非常个人化，但却有着微妙的共
鸣。灵感来自旋转木马，设计师给这些学生提供了一个
平台，使他们在"哲学"的基础上表达出作品的真谛。

每一幅作品都呈列在旋转的灯光盒之中，使参观者能
够更好地感受到作品中的希冀。这些照片加上学生们
记录下的文字，向人们展现出"家"这个中心骨干的
重要性。这里有婴儿照、学生照、生活快拍、生日会
快照、聚餐和各式庆祝的照片，还有整日辛苦工作的
父母、活泼可爱的兄弟姐妹的照片……这些都是爱与
关怀的见证。设计师用"团圆"的概念来引申出参观
者躺卧着去欣赏投影画面的构思。这个设计能让参观
者体会体会"亲如一家人"的感觉。

图2-1-161　中国香港学生生活展 / 中国香港特区政府 / 2006

相关知识点

展示空间界面是展示空间形态造型限定要素和空间形态的造型基本条件，是空间形态的边缘，是展示道具在展示空间中的具体应用，主要有展墙、展台、展柜、天棚、展台等，界面形体的大小和围合、限定程度直接影响空间造型形态。

不同性质的展示活动，产生不同结构展示空间界面关系。纪念馆、博物馆、美术馆等展馆建筑是为特定展示活动而设计的专业空间。其展示区是依照建筑墙体格局而形成的空间，展示界面可以直接借助墙体进行界面造型，形成展示墙，承载信息。展区内运用展台、展柜、展架等展示道具，依据展示主题分割空间，形成展示空间新形态，传播展示信息。在科技馆、会展中心场馆内举办的展示活动空间设计，是在同一大空间下进行多个小型综合空间营造。小型空间的界面是内外空间双向界面，是承载内外信息的双面展示墙体。由于展示活动内容丰富，空间界面会依据展会性质和展示主题，营造出不同内容的各色造型形态，形成变化丰富的展位。

空间界面——展墙一方面限定空间，形成实虚相间的围合空间，承载展板、展品等立面展示信息，营造展示环境；另一方面又是空间外部LOGO、大幅会展广告的张贴处，承载展示信息，并通过艺术照明、艺术色彩等有效手段，展现外部空间造型特征。现代展示设计为吸引更多观众，充分展示展品，展墙形式更趋于实用化，如设计文化内涵和艺术韵味的艺术展墙，或在墙体上设计含有布置戏剧化展示场景的橱窗，或采用多媒体技术装饰展墙，以动态图形和色彩吸引观众。

展示空间地台是出于展示主题的需要，设计地面抬升的结果。展示空间的地面多采用地台形式，抬高展位，有利于展墙和展架的安装，也提升了展位的品质。地台的形式多样，有平铺式，架空式，镂空式，折叠式。材质上有钢木结构、铝合金结构、金属玻璃发光结构等。地台可以整个展区统一铺设，也可以局部铺设，需要与主题展示相配合。

案例分析

香港文化产业展（图2-1-162）

这个项目为中国香港特区政府在深圳宣传香港的创意工业。香港的Ail意工业包括漫灵、书刊、产品设计等的影子都一一呈现在这个设计项目之上。不同工业的内容都会由不同颜色的灯箱所表达，从天花顶部悬吊下来，令人想到灵感构思如泉水不息、或又像满天空的繁星颗颗，数之不尽。究竟如何去表达创意这个概念呢？设计师认为这是一个抽象的意念。用一些轻的物料来带出变化不定的构想就最好不过了。用悬挂的轻纱象征思海的缥缈与浮动。灵感涌现的时候，时而澎湃，时而柔顺，像海面泛起一个个创作的浪潮，让人来不及招架，也给人挡不住的惊喜。反光灯直射薄纱，营造出不同的层次感。千多个灯泡时明时暗，设计师解释说，这蕴含着一个道理，设计的过程往往是在意念的大熔炉中挑选出最合适的方案。情况就如在过千灯泡中挑选出其中数个，使其发光发亮，让设计意念发扬光大。犹如大型雨伞般的顶部结构笼罩着整个摊位装置。拱形伞下空间的运用富有弹性。代表香港的飞龙标志一跃而飞，带出这个设计项目的重点。

图2-1-162　香港文化产业展 / 中国深圳 / 2006

实践任务三

课题名称：材料综合练习

课题内容：整体展位间各个空间界面的合理选用和搭配材质

课题时间：6课时

训练目的：加深对材质的理解，了解材质的规格和物理性能。

教学方式：综合已进行过的练习，以三维图表现进行综合材质训练。

教学要求：1．掌握展示工程的材料与工艺。

2．区分不同材质搭配的合理性和实用性。

3．空间三界面的运用合理，安全，施工操作性强。

作业评价：1．在现有的3d模型上重新赋予材质，其效果应尽量接近实际效果。并对材质的特性结构做解释。

2．整体效果要完整统一，具有实用性和美观性。

第二章　项目与实训

相关知识点

在进行展示空间界面设计时，材料的选用应把握以下
内容：

a. 与空间功能相适应。不同的环境氛围应用不同的
界面装饰材料来烘托。

b. 适合不同装饰部位。不同部位对材料的表面效果、
物理化学性能有不同要求，因而要用到的材料也就大
不相同。

c. 与时尚、更新的发展需要相适应。展示空间界面
装饰材料应具有"设计新颖、用材精巧、精选优材、
巧用一般材料"的特点。

安全性和施工的可操作性也是展示空间的重中之重，
展示现场中有安全隐患，直接关系到活动举办的成功
与否。而设计方案中材料的运用不当造成施工的困难，
或根本不能实施方案，那其设计就毫无意义可言。

案例分析

波导104届广交会展位设计

开放式的设计方案，灵感来自水立方的造型
设计，运用软膜写真喷绘内打灯的方式做了
一个悬挂式吊顶。地面采用发光玻璃地台。
结合企业的宣传口号"手机中的战斗机"做
背景墙图片，使整个小展位，看上去通透，
具有时尚感（图2-1-163）。

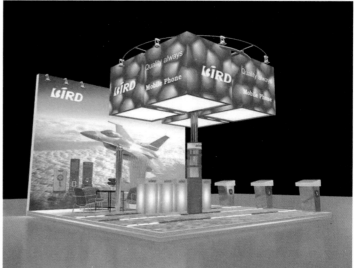

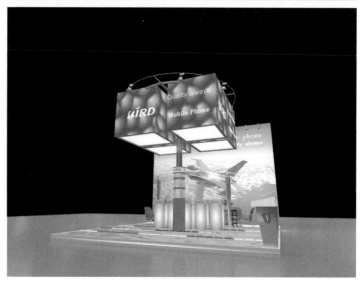

图2-1-163　波导广交会展位设计 / 周韶 / 中国 / 2009

1. 顶棚练习要点：金属架结构支撑，包软膜写真喷绘，内置日光灯管。吊顶底部为透明有机板封面，透白光。

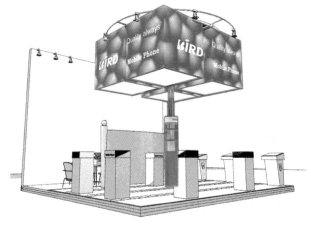

2. 背景墙练习要点：木龙骨结构支撑，贴写真喷绘，金卤灯照明。

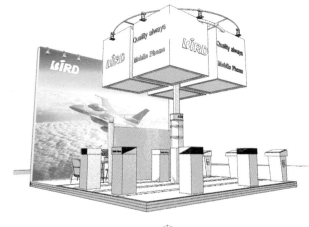

3. 地面练习要点：金属架结构支撑，玻璃层下铺透明灯箱贴写真喷绘，T5灯内打光。

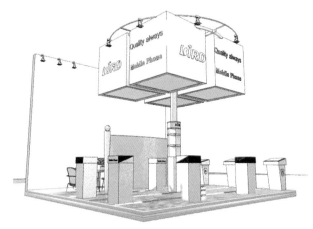

4. 展台练习要点：透明亚克力材料造型结构，内打灯，发蓝光。信息台为木型结构，贴拉丝不锈钢防火板。

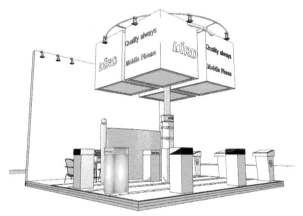

图2-1-164 练习示意图

第一节 展示材料与设计应用

波导中国香港电子展的设计方案

070

第二章　项目与实训

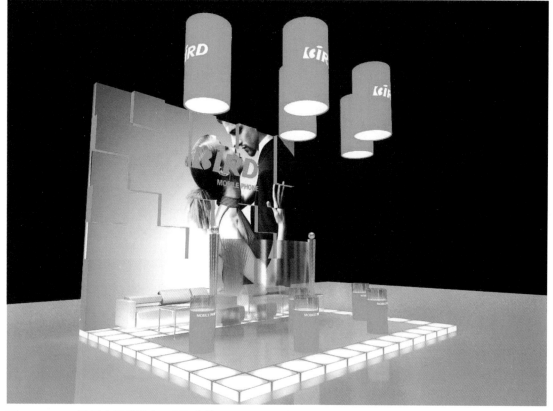

图2-1-165　波导中国香港电子展展位效果图 / 周韶 / 中国 / 2008

图2-1-166　波导中国香港电子展展位照片 / 周韶 / 中国 / 2008

图2-1-167　CAMRY广交会展位 / 中国 / 2007

图2-1-168　凯丰集团广交会展位 / 中国 / 2007

图2-1-169　广州万宝广交会展位 / 中国 / 2006

图2-1-170　超超集团广交会展位 / 中国 / 2008

图2-1-171　美的集团广交会展位 / 中国 / 2007

图2-1-172　西摩集团广交会展位 / 中国 / 2006

柯达克隆电子展展位设计（图2-1-173）

在"柯达，无时无处不在"的标语下，是一个巨大开放的空间，几乎占据了整个展厅。几乎所有的展览与咨询区在任何时间都是开放可见的。

整个空间由背光的不同颜色及尺寸的针织物做成的幕布分隔开。它们将产品区、咨询区及展示区彼此分开。

开放的展厅分为公共区域和专业区域。沿主干道的立墙与浮端都进行了较大程度的改变，这样一来就创造出一个更加亲密的空间，用于展示那些私人用途的产品。

在中心位置，参观者进入了一个500m的展览舞台，这里充满了各种影像。其上有两幅相对大型的三维图片——由900个不同图片模式的独立影像组成，描绘了从仿真图片到数码影像的转变。在此，每一张单独的图片成为新图片的像素。

图2-1-173　柯达电子展展位 / 德国 / 2004

Swisspor展位设计（图2-1-174）

在2005年的Swissba展会上一个由Swisspor AG和ternit AG（于2003年11月加入BA Holding AG）合作的毗邻展区首次亮相。它的结构是面对面互为补充的，要从中间进入。多层的结构给了大厅一种高度感，并且允许展品被安排在不同的展区。台阶直接伸入房间，并形成了一系列看台。两个展区的基础结构是预制的木结构。Eterni的展区被分成塔楼和有角的楼层两部分，Swisspor展区逐渐演变成了倾斜的墙板。

在一楼，一条狭窄的桥梁连接了两个展区，不仅强调了两个公司的联结点。还开通了一条通往不同展示层的小路。两个展区都清晰地展现了自己的形式和姿态。通过对灯光直接或间接的使用及不同色彩材科和相应色彩的使用，展示了其对空间的运用。

图2-1-174　Swisspor展位 / 瑞士/ 2005

教学案例

学生练习作业示范

图2-1-175 原图模型

图2-1-176 杨洁 / 浙江纺织服装职业技术学院 / 2013

图2-1-177 陈佳佳 / 浙江纺织服装职业技术学院 / 2013

图2-1-178 张燕 / 浙江纺织服装职业技术学院 / 2013

图2-1-179 王浩丽 / 浙江纺织服装职业技术学院 / 2013

第二节　标准展位搭建

▶ 课程概况

课题名称：标准展位搭建

课题内容：标准展位的搭建组装

课题时间：18课时

训练目的：掌握标准展位搭建和展位道具的制作。

教学方式：实际操作，通过学生自己动手搭建来了解八棱柱和方柱型材的结构特点。

教学要求：1．学生方面，要求具备展示设计与制作流程的基础知识和拓展能力。

　　　　　2．教学方面，具备场地、道具、工具条件。

作业评价：1．每个学生必须动手操作，操作前应了解展示标准型材的材料，结构特点。

　　　　　2．掌握展示设计系统设计中型材的组合与搭配。

　　　　　3．在施工图纸引导下精确的实施制作，完成展位的制作与搭建。

1. 标准展位的基本构成

铝制型材是最常用的展台搭建材料，主要有八棱柱系列、方圆柱系列。铝制型材采用标准化、拆装式结构，可根据展位的实际情况任意组合变化，方便地搭建成所需要的各种形状，具有科学合理、安全耐用、拆装便捷、造型丰富的特点。

1）八棱柱系列

八棱柱系列是由德国的汉斯·施得格先生在1969年发明的铝制型材展搭建材料。这种材料由扁铝、立柱、锁头组成，立杆的截面呈八角形，八面均有开槽，它可以用配套的锁头从八个不同的方向固定展架（图2-2-1）。另外，它操作简单，只需拧紧锁头就可相互连接，从而降低了建拆的复杂程度，缩短了施工时间，提高了工作效率，被广泛应用于标准摊位的搭建。该系列材料轻便耐用，可多次重复使用，大大降低了使用成本。

名称：小孔八棱柱
规格：定尺长度：5m
材质：铝合金，有8个槽

名称：特型六棱柱
规格：定尺长度：5m
材质：铝合金，有8个槽

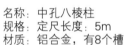

名称：中孔八棱柱
规格：定尺长度：5m
材质：铝合金，有8个槽

名称：135°六棱柱
规格：定尺长度：6m
材质：铝合金，有4个槽

名称：大孔八棱柱
规格：定尺长度：5m
材质：铝合金，有8个槽

名称：小孔半棱柱
规格：定尺长度：6m
材质：铝合金，有5个槽

名称：大孔半棱柱
规格：定尺长度：5m
材质：铝合金，有5个槽

名称：1/4小孔棱柱
规格：定尺长度：5m
材质：铝合金，有3个槽

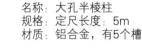

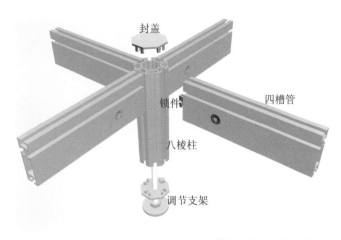

图2-2-1 常规八棱柱结构分解图

封盖

锁件

四槽管

八棱柱

调节支架

2）方柱系列

方柱系列展位搭建材料由截面为方形、不同粗细的铝制型材组成，规格有40mm×40mm、40mm×80mm、40mm×120mm、60mm×60mm、80mm×80mm、120mm×120mm等。它四面开槽，通过锁头相互连接，组成各种造型特意的展台。

此外，方柱还可以通过锁头与八棱柱，扁铝等其他铝制材料型材相互连接，搭建出丰富多样、灵活多变和个性突出的展位（图2-2-2）。

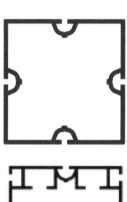

名称：120方柱
规格：定尺长度：6m
材质：铝合金，有4个槽

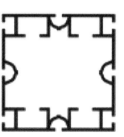

名称：80八槽方柱
规格：定尺长度：6m
材质：铝合金，有8个槽

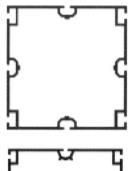

名称：120方柱
规格：定尺长度：6m
材质：铝合金，有8个槽

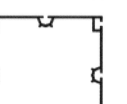

120方柱
规格：定尺长度：6m
材质：铝合金，有8个槽

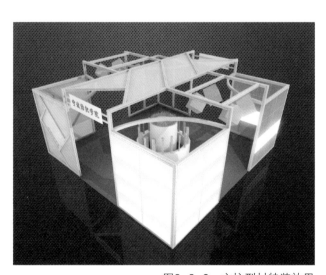

图2-2-2 方柱型材特装效果

2．标准展位的特点与搭建要求

现代展览业发展对展览工程行业提出了新的要求：

1）展览产业链中各环节环保意识在不断增强。对材料使用越来越重视减量化、再使用、再循环利用的原则。目前，"绿色展览"的全新理念深入人心，对新材料的要求表现为材料能够循环利用，最后能重新回收进行再生。

2）对搭建时间要求越来越短。时间对于展台搭建变得非常珍贵，甚至变得越来越昂贵了。一方面，由于展馆展期的限制及场租费用的控制，主办方给参展商把搭建时间压缩得越来越短；另一方面，参展商自身成本考虑，需要提供可实现快速拆装的新型展材。

3）满足参展商的个性化要求。参展商不满足大众化的效果，要求有个性化展示效果。这要求有多品种的产品，产品多种变化来满足参展商。

4）要求展材现代时尚。

5）便于储运，利于异地搭建。对展览材料储运，异地搭建方面的要求越来越高，并且施工过程不需要太多的人工，特别是随着国际化进程的加快，来华展、出国展的数量的快速增长，对此需求越来越多。

目前展览行业的发达国家德国、美国、日本都在现代展览朝构件化、精密化、模块化、标准化、重环保等方面发展做出了楷模。如加入了更多的小型桁架、折叠展架、布饰结构等。其中铝合金桁架的使用已经推到一个顶点，常常利用桁架来实现整体展台。

未来展示材料的发展必然分为三个特点：具有环保概念；具有简洁概念；具有速度概念。而只有铝合金展具才具有上述三个特点。铝合金展具可以有效地节约时间，增大展示空间，将时间与空间进行完美结合。可以说，铝合金材料是最具竞争力的材料，是未来展具发展的方向，是未来展览材料发展的趋势。

全力推广绿色展览

1）推广绿色环保，在一定程度上离不开政府的支持

现代会展业是现代服务业的重要组成部分，在经受全球金融危机的影响时，会展业对经济的综合促进作用更加明显。

从2009年1月1日开始实施的《中华人民共和国循环经济促进法》对于指导和规范行业向"绿色环保"方向发展起着很大作用。

时任国务院总理温家宝在2008年12月24日主持召开国务院常务会议，研究部署搞活流通、扩大消费和保持对外贸易稳定增长的政策措施。其中第六项就是要积极培育新的消费热点，大力促进节假日和会展消费，促进消费升级。

政府会加大对会展业的投入，各地政府对会展业的重视，对会展的投入加大，场馆的硬件设施的提升，中国4万亿元的投入拉动内需，将会对展览有强烈拉动力。

可见，政府的支持和引导对于推动行业的发展作用非凡，我们希望地方政府可以同时介入展览行业，倡导绿色政策。

2）展览市场需要进一步的规范

为了更好推广"绿色环保"的理念，使绿色环保贴近人的生活，展览工程委员会、展览馆需要共同努力，携手打造绿色环境，制定相关行业标准，规范行业制度，以促进行业更好的发展。

对于展览馆来说，有效制止大量参展垃圾、保护参展环境，有利而无害。而要实现以上效果，建议可以通过规定参展商使用木质材料的数量、禁止大型机械进入场馆、禁止排放污染的物品带入场馆等措施才能保障馆内的清洁卫生，从而在参展环境上保障参展商的利益和健康，同时赢得广大客户的好评。

对于展览工程委员会，更应该起到指引和指导的作用。协会可以定期的举行专题论坛、专题培训，进一步引导参展单位向标准化制作、重复性使用绿色环保的参展方向靠拢。使展览业向更专业化、快捷化、环保化的方向发展。

3）推广方式的革新
标准化的系统推广
作为铝合金展览器材生产的常州灵通展览用品有限公司提出了一个全新的设计理念——"标准展位特装化，特装展位标准化"。此理念现在被越来越多的展览界人士所接受，对提升客户对构件式展具的认知度和为构件式展具的发展打下了基础。

"标准展位特装化"是标准展位发展的必然趋势，将特装展台利用可重复使用的标准铝合金构件式展具实现，在展位设计时又可以完全适用国际标准尺寸的展览材料，将用来搭建的特装的原有材料进行标准化。这些标准材料可以重复利用，增加材料使用的经济价值。在"标准展位特装化，特装展位标准化"的基础上，提出展具向"模块化、成套化"发展的新理念。成套化的三个发展方向：轻便展示系统成品化，中小型展台成套化，大型展台模块化。从展具行业的发展趋势来看，铝合金展具的绿色环保、可重复使用、搭建周期短等功效越来越被参展商所认可。

3. 标准展位的搭建步骤
标准展位搭建程序

1）定位
根据布展图纸，核对展位尺寸，确认无误之后，再按以下顺序进行工作。

2）材料摆放
按标准展位的实际用料，按序摆放在要搭建的位置，要注意立柱、扁铝、展板摆放的数量和位置，以减少不必要的来回取料。

3）搭建
在搭建时，一般情况下建议三人一组，人员紧张时，也可以二人一组。

先将展位的立柱竖起来，一人扶住立柱，另2人分别锁紧标准展位下面的扁铝，临时在墙板90°方向锁

上加固扁铝（加固扁铝是临时借用展板顶部的扁铝）。按同样的方法依次竖好其他立柱，在这个过程中，其中一人必须注意扶稳，尚未加固好的立柱，以防立柱摆动损坏扁铝锁头或倒下伤到搭建人员。

固定好立柱后，可先固定好楣板的一根扁铝，然后依次装其他展板，切记在装好一块展板时，就要取下加固扁铝锁紧在展板上部，以防展板自身摆动时损坏下部扁铝锁头。

展板全装好后，再固定好楣板，依次搭建其他展位。

4）拆展
拆除展位时，基本与搭建顺序相反，可先将楣板拆下，这时其中一人要扶好一侧没有与其他展位相连的立柱，以防摆动，（另一根立柱一般是与其他展位共用的，不需要扶，如果拆到最后一个展位，则两根立柱都要扶）。

楣板及楣头扁铝拆下以后，然后依次拆展板。在拆展板时，要先拆除上面一根扁铝，抽掉展板，再拆除下面一根扁铝，取掉八棱柱，切记不要将展板上部的扁铝全部拆掉，然后再抽展板，这样整个展墙的摆动极易损坏下部扁铝的锁头，更不可将展位推倒来拆除，在整个拆除过程中，也必须有一人随时扶住不稳定的立柱。

5）防擦伤
在整个摆料、搭建、拆除过程中，必须对材料表面进行保护，不可将材料在裸露的水泥地上拖动，要尽量避免材料的互相碰撞。

6）检验
所搭建出的展位必须在规定的尺寸范围之内横平、竖直，扁铝高度必须统一，锁眼方向一致，不要出现一根向里，一根向外的现象，楣板扁铝锁眼必须面向摊位里面，以保证整个展位的美观性。要求楣板长板在前，短板在后，符合国际惯例。

第三节　特装展位搭建

1．特装展位介绍

概述

特装展位，即展会上需要进行特别装修的展位，简称特展，系展览专用词汇之一，指展馆室内或室外空地上按任意面积划出的展出空间。只提供正常大厅照明及未铺地毯的展位空地，一般36平方米起租，主办方不提供任何配置，参展商须自行设计及搭建。

一些大中型企业和机构，为彰显自身实力、树立和宣传品牌、凸显行业地位、展现企业形象、为新产品营销和宣传，租赁展馆"光地"，准备特殊装饰展位，邀请或指定展览公司进行设计和搭建。

在现代贸易类展示空间设计中，设计主题分为主题思想类和主题意识类。主题意识类就是以表现形式为主，强调艺术性。以艺术审美文化为设计宗旨，以艺术形式和技术装置构筑展示空间形态，运用现代构成手法设计抽象空间形态，设计装饰色彩，在现代多媒体影像技术和数字互动技术，以及机器数控技术的作用下形成美轮美奂的空间造型形象吸引观众的目光。主题思想类是有一定思想内容的主题形式，设计突出思想性，通过艺术造型和设计观念，诠释设计主题思想。内容决定形式，根据思想主题设计符合主题风格的展位空间造型。贸易类展览会特装展位空间主题可以归纳为3种类型。

1）实力表现型。其特征主要是宣传企业的综合实力。在宣传内容上反映出企业的等级、资质、产品系列、产品种类、产量、全球化市场销售网络、年营业额等数量，以及科研力量等。

2）品牌型。宣传品牌是企业品牌战略中的步骤和方式，体现在全方位宣传品牌包括展品的质量、功能、文化品位、社会格调等方面，反映出企业的经营策略思想。

3）企业文化型。企业文化是企业的重要组成部分，反映出企业的文化内涵和人文价值。在展示造型上要反映出企业的理念和服务观念，通过展示活动和陈设环节的设计，以及展示产品来表达企业的文化形象，表达企业的社会责任。

特装展示的主题思想体现在展示空间形态上，体现在空间内部结构的细节上，体现在空间展示视觉传达的表现上，所以，展示主题指导展示设计。展示主题指导下的展示空间形态造型设计，是在"意象构形"后草图转化阶段的形象化过程。设计师对空间布局、结构造型进行反复修改深化。而这都在空间设计中以视觉和听觉形象表述出来。设计师要充分理解主题，把握主题思想，剖析主题立意，读解语言文字的形象化含义，将抽象思维的形象化概念与具象形态反复转化和对接，创造出新的形象的符合主题思想的寓意。创意空间造型是经过反复，多次修改、变异形成的雏形。在其功能应用、场地规范、材料结构等方面需要不断地完善。

展示空间造型设计满足展示功能需要，在空间结构设计中，把握总体空间序列结构，依靠内容组合和形式变化，组合空间，注重不同空间的衔接，保持人流动线的流畅。从空间内部组合到外部空间造型，把握展位设计风格，挖掘展示内容的内在因素，表现空间内涵，体现造型特征。不能将企业的VI展示素材简单地照搬照抄、罗列堆砌，而要对展品元素和展示内容元素进行深化，创意造型。

展示视觉传达是展示内容的艺术化加工表现，是以平面语言视觉传递展示信息，是主题思想内容的平面化宣传，然而，在展示空间中的平面载体是空间形态的界面，即展示空间形态的界面是展示信息载体，也是主题思想的艺术化体现。所以特装展位的立面造型设计是有意义的信息化形象，是主题思想的体现，有很强烈的视觉效果。

特装展位平面布局影响因素：

由于展览会性质不同，每个参展企业的目标和展品不同，其空间造型设计多种多样。平面布局是空间造型的基础，如同建筑房屋需要打下地基一样。在平面布局和动线设计中，要分析影响设计因素，运用正确设计方式和方法，合理设计。

第一，展位因素。展览会特装展区的展位位置排布基本归纳为种类型、独立型、相邻型、连排型。在实际中最常用的是独立型、前后或左右相邻型。不同的类型，对于平面布局有不同的限定条件。

第二，展品性质因素。平面布局的另一影响因素是展品的类型。不同的展品功能、用途、尺度不同，其整体展示平面布置也有很大的差异，如机械工业类的车展与小商品展会类的首饰品展就有很大差别。所以要具体展品内容具体定位设计。

第三，活动内容因素。现代展示手段和营销方式的多样性，要求设计积极为其提供相应的服务，更好地传递信息。展示营销活动内容因素决定了展位的平面布局；展示活动内容和活动方式大致可以归纳为：体验互动型、多媒体影像、序列化故事、框架式系统、展示销售内容、形象特色、综合运用型7种类型内容和方式。对于这7种方式展示设计师要认真研究，合理布局，预留活动空间。

1）展示主题与物态化形象构思：
贸易类展览会的特装展位设计，造型最为丰富，形式最为多样，是展示设计师创意才能的展现。每个参展企业和机构参加展览会都有不同的参展目标和参展主题，旨在把握参展方向，获取参展效益。展示主题是指导展示设计师进行创意设计的思想原则，是经过素材研究，提炼出的精辟内涵语言，作为展会项目的核心原则，贯穿于整个设计过程。

2）市场价值：
特装展位折射出企业的实力和形象。可以这样说，展位形象好坏将直接影响采购商对供货商的选择。打造一个富有个性、独一无二、时尚简洁、精致高档的特装展位有利于提升企业形象，实现品牌升值，立刻吸引客户眼球，汇聚人气，从而提高参展效果，创造最大的经济效益。

在国外紧固件相关展会上，不少国外知名紧固件企业不惜成本，花尽心思在展位的设计上。有的企业把展位搭建成迷你公司，设有前台和洽谈室，还提供各种饮品和小吃，让客人享受宾至如归的感觉；有的把当地特色和公司品牌融为一体，让整个展位富有休闲和娱乐性……特装展位布置得如此美轮美奂，确实值得

国内同行借鉴。

设计原则
首先，展台形象代表着企业的形象，它是企业品牌形象的具体体现。一个公司在不同的展览会上可能有形式各异的展台，但展台中代表着企业标志性的核心内容不会发生改变。这些核心的标志通常由标准图形、标准色彩、标准字体等三部分组成。这些核心标志代表着企业独特的经营理念和企业使命，人们一看见这些标志就能立即反映出这是一家什么公司。所以，如何将企业标志作为设计元素融入展台设计，是体现企业特性、突出展台设计效果的一个关键。

其次，为了在众多的参展商中一枝独秀，展台设计还必须有较强的视觉冲击力，因此在展台的形式上要有创新，能给观众和买家带来新鲜感和吸引力。随着设计软件的普遍应用，加上各种形式的展示材料的开发，当层出不穷的、独具创意的展台展现在人们面前时，能使人产生豁然开朗、耳目一新的感觉。

最后，不要忘记用高昂价格租来的有限的展览空间的作用是什么，最大化地使用场地和展示产品是参展商参展最主要目的之一。展台设计时不要忽略展示、会谈、咨询、休息等展台的基本功能。

2．特装展位搭建工艺
会展工程常用的材料与工艺：
在会展设计中，设计师运用钢材、木工板、防火板、有机灯片、玻璃、涂料油漆、电脑喷绘等多种材料构成独特的设计效果，就必须对常用材料有较全面的了解，才能驾驭这些材料的运用效果（图2-3-1）。下面从展示活动主要的构筑材料如金属、木材，以及装饰材料如塑料、玻璃、纤维织物入手，分别介绍其特性。

展示设计施工的过程同时也是将材料加工成展示设计构架的过程。在构思新展示空间设计及结构部件时，要正确实现设计转换的物质基础，即材料的使用，展示设计知识中以结构学与构造学最为优先。结构学是运用力学原理来了解展示构造的复杂力学作用。构造学则是需要了解展示材料常识、展示结构知识后，运用展示材料常识与展示结构知识将展示构件形成，并组合起来。因而掌握展示设计主要用材的特点及加工

图2-3-1 Audi车展特装展位/ 中国 / 2009

工艺方法，是正确进行展示设计及施工的前提。在本章，我们从展示活动主要用材构筑材料如金属、木材，以及面饰材料塑料、玻璃、纤维织物等分别讲述其工艺表现。

金属材料及其工艺性能：
金属材料是金属及其合金材料的总称。自然界的材料丰富多彩，但金属材料以其优良的力学性能、加工性能和独特的表面特性，成为现代展示设计的主流材料之一，也是构成展示设计骨架结构的主要材料之一（图2-3-2至图2-3-4）。

1）金属材料的性能
金属材料的性能包括金属材料的使用性能和工艺性能：金属材料的使用性能指金属材料在使用的过程中所表现出的性能，包括力学性能、物理性能、化学性能；金属材料的工艺性能指金属材料在加工过程中适应各种加工工艺所表现的性能。

在使用的过程中，用金属材料制成的各种构件往往要受到各种形式的外力作用，作用的结果使其可能受到冲击力、拉力、压力、弯曲力、扭转力等。为了保证构件能正常工作，要求金属材料必须具有一定的抵抗外力的能力。金属材料抵抗外力作用所表现出的性能称为金属材料的力学性能，其常用的指标主要包括强度、塑性、硬度、冲击韧度、疲劳强度、蠕变及松弛等。

金属材料的物理性能是指金属材料在自然界中对各种物理现象（如引力、温度变化、磁场作用等）的反应。表征金属物理特性的性能参数主要有密度、熔点、导热性、热膨胀性、导电性等。

金属材料的化学性能是指金属材料在常温或高温条件下，抵抗氧气和各种腐蚀介质对其侵蚀的能力。它主要包括耐腐蚀性和抗氧化性。金属材料的工艺性能是指金属材料在加工成型过程中表现出的性能，主要包括金属材料的铸造性能、压力加工性能、焊接性能及切削加工性能等。

2）金属材料的分类
常用金属材料是黑色金属材料和有色金属材料的统称。黑色金属材料主要是以铁、碳为主要成分的合金，即钢和铸铁材料。钢是指含碳的质量分数<2.11%的铁碳合金；铸铁是指含碳量为2.5%~4.0%的铁碳合金。有色金属是除钢铁材料以外的其他金属材料，如铝、铜、镍、锌、铅等材料，它们是现代工业中应用最广泛的金属材料。

3）金属的加工工艺性能
金属是现代工业的支柱，金属材料工艺性能优良，可依照设计者的构思实现展示设计的多种造型，因此了解金属材料的工艺特性是设计师快速并可靠地实现设计构思的重要途径。在展示设计活动中金属加工方法的运用主要有四个方面：金属材料的压力加工、切削加工、焊接加工、金属表面处理技术。

① 金属材料的压力加工
又称为金属材料的塑性加工。在外力作用下金属材料

图2-3-2 乐士洗衣机广交会展位 / 中国 / 2008

图2-3-3 美的集团广交会展位 / 中国 / 2006

图2-3-4 德国展中展展位 / 汉诺威 / 2006

发生塑性变形，从而获得一定的形状、尺寸和力学性能的毛坯或零件的加工方法。这种加工工艺方法最大的特点是在成型的同时能够改善材料的组织结构和性能，最终成型产品可直接制取，便于加工，无切削，且金属损耗少。适用于大规模专业化生产，但是需要专门的设备和工具，不易于加工脆性材料或形状复杂的金属制品。金属材料的塑性加工一般可以分为锻造、轧制、挤压、拔制、冲压等加工方法。

② 金属材料的切削加工

又称为金属的冷加工。利用切削刀具在切削机床上将金属工件的多余加工量切去，以达到规定的形状、尺寸和表面质量的加工工艺。切削加工性能所反映的是用切削工具对金属材料进行切削加工的难易程度。主要的切削方法有：车削、铣削、刨削、磨削等。

③ 金属材料的焊接加工

焊接加工是充分利用金属材料在高温下易于熔化的特性，使金属发生相互连接的一种工艺，是金属加工的辅助手段，也是在展示活动中经常运用到的加工工艺手法之一。反映金属材料在局部快速加热，使结合部位迅速熔化或半熔化（需加压），从而使结合部位牢固地结合在一起而成为整体的难易程度，表现为熔点、熔化时的吸气性、氧化性、导热性、热胀冷缩特性、塑性、与接缝部位及其附近用材显微组织的相关性、对力学性能的影响等。常用焊接的方法有氩弧焊、焊条电弧焊、钎焊、热熔焊。

④ 金属表面处理技术

金属材料的表面通常会因为受到外在条件的影响而产生不同的肌理效果。例如，金属材料表面因大气水分、光照、盐、雾、霉菌以及其他具有腐蚀性的介质的侵蚀作用，会失去光泽、变色、裂开等，从而遭到破坏。对金属材料的表面处理技术可以起到保护作用，还可以起到装饰作用。

金属表面前处理的工艺和方法有很多种，其中包括金属表面的机械处理、化学处理和电化学处理等。对金属材料表面的加工和处理技术主要是为了保护和美化材料的外观，主要可以分为表面着色工艺和表面肌理工艺。金属表面着色工艺是采用化学、电解、物理、机械、热处理等手段，使金属表面形成各种色泽的膜层、镀层或是涂层。金属表面肌理的加工技术主要是通过锻打、刻画、打磨、腐蚀等工艺在金属表面制作出各种肌理效果。

木材的加工工艺特性

1）木材的成型加工方法

木材的加工工艺特性指将木材原料通过木工手工工具或木工机械设备加工成构件，并将其组装成制品，再经过表面处理、涂饰，最后形成一件完整木制品的加工过程。

木材加工的基本方法有：

① 木材的锯割。按照设计要求将尺寸较大的原木、板材或方材按纵向、横向或接任意一条曲线进行开锯、分解、开榫、截断。

② 木材的刨削。木材经锯割以后的表面一般比较粗糙且不平整，因此必须进行刨削加工，以获得整洁光滑的表面。

③ 木材的凿刻。木制品构件间组合的基本形式是框架榫孔结构，木材凿刻是基本操作方法。

④ 木材的铣刻。木制品中的各种曲线零件，制作工艺比较复杂，木工铣削机床是一种万能设备，既可用来接口、起线、开榫、开槽等直线成型表面加工和平面加工，也可用于曲线加工，是木材加工中不可缺少的设备之一。

2）木材表面处理技术

面涂饰工艺，主要目的是起到装饰作用和保护作用。装饰型的木材涂饰主要作用有增强天然木质的美感，使木材的天然木纹更加清晰和鲜明；掩饰缺陷，由于木材本身的缺陷和加工痕迹，通过涂饰可以掩盖缺陷达到木材外观所需的装饰效果；改变木材质感，通过涂饰的手段将普通的木材仿制成贵重的木材，提高木材的等级和外观效果。木材涂饰的保护性主要体现在提高木材硬度、防水防潮、防霉防污、保护木材的自身色彩。木材的表面处理包括涂饰前的表面处理、底层涂饰和面层涂饰。

3）木材表面敷贴工艺

表面覆贴是将面饰材料通过合剂贴在木材表面而成为一体的装饰方法。主要的工艺方法是：用木制人造板（刨花板、中密度纤维板、厚胶合板等为基材），将基板按设计的要求加工成所需的形状，贴覆在底面的平衡板，然后用整张装饰贴面材料对版面和断面进行覆贴封边。这种方法可以在很大程度上节约成本，且能达到预期的装饰效果。

4）木材的连接方式

木材的连接方式很多，如传统的榫卯连接、键接和借助钉子、螺栓、胶粘的平接与搭接等。木材的连接方式应根据表现对象、受力结构和环境因素等进行选择。粘胶、铁钉、射钉和螺丝连接是最常用的连接方式。若要增强结合部件的受力强度，需采用铁钉或射钉与粘胶相结合的连接方。射钉枪的运用为木材制作提供了更快捷、方便的连接方式，尤其适应人造板如胶合板、刨花板、木芯板等在普通板式门窗、家具、隔断上的应用。

5）会展设计中常用的木质材料

会展设计中常用的木材主要有原木、人造板材等。

原木

原木指伐倒的树干经过去枝去皮后按照一定规格锯成一定长度的木材。原木一般按照自身质地特性分为硬木和软木两种类型：硬木主要有柳木、楠木、果树木（花梨）、白蜡、桦木（中性），特点是花纹明显、易变形受损，在展示设计中适宜做家具和贴面饰材，相对价格较高；软木主要有泡桐、白杨等，特点是可以用作结构、木方，抗腐蚀性差、抗弯性差，不能做家具。

人造板材

利用原木、刨花、木屑、废材及其他植物纤维为原料，加入胶粘剂和其他添加剂而制成的板材。人造板材幅面大、质地均匀、表面平整光滑、变形小、美观耐用、易于加工。其种类繁多，主要有胶合板、刨花板、纤维板、细木工板及各种轻质板材等，广泛应用于展示设计、家具、建筑等方面。人造板材是展览展示行业中的重要材质之一。

人造板主要有：

① 三合板，由实木或木工板等（板或条）叠并为三层，并胶合为一整体的板材。受力大，常用作家具的侧板及饰面材料。

② 合成板，可以分为五厘板、九厘板等板型，主要用来做结构，可弯曲。

③ 压缩板，主要有刨花板、密度板、复合板等。刨花板是用木材碎料为主要原料，再掺加胶水、添加剂经压制而成的薄型板材，其主要优点是价格极其便宜，其缺点是强度差；密度板是用更大的压力加胶助剂压缩，承压力大，但怕水泡、易潮湿。

④ 防火板，用于做家具，不易于钉钉又称"塑料饰面人造板"。它具有优良的耐磨、阻燃、易清洁和耐水等性能，这种人造板材是做餐桌面、厨房家具、卫生间家具的好材料。

⑤ 纸质饰面人造板，以人造板为基板，在表面贴有木纹或其他图案的特制纸质饰面材料。它的表面性能比塑料饰面人造板稍差，常见的有宝丽板、华丽板等。

⑥ 密度纤维板，是将木材或植物纤维经机械分离和化学处理手段，掺入胶粘剂和防水剂等，再经高温、高压成型制成的一种人造板材，是制作家具较为理想的人造板材。

⑦ 细木工板，俗称大芯板，是由两片单板中间胶压拼接木板而成。中间木板是由优质天然的木板经热处理（即烘干室烘干）以后，加工成一定规格的木条，由拼板机拼接而成。拼接后的木板两面各覆盖两层优质单板，再经冷、热压机胶压后制成。与刨花板、密度板相比，其天然木材特性更好，具有质轻、易加工、不变形等优点，是室内装修和高档家居制作的理想材料。天然木材由于生长条件和加工过程等方面的原因，常不能满足和达到现代展示设计材料所要求的性能、工艺与造型效果。而人造板的利用，不仅减少嵌缝，提高木质表面的平整度、装饰性和锯切、弯曲、组接等加工性能，而且提高了木材的利用率，对于节约资源、保护生态环境有着重要的意义。

涂料油漆工艺
乳胶内墙涂料的施工简单易行。可用刷涂、辊涂、喷涂等多种施工方法。该种涂料适用于混凝土、水泥砂浆、石棉水泥板、纸面石膏板、胶合板、纤维板、纸筋石灰等基层上。

图2-3-5 云环集团特装木结构造型／天广联展览／中国／2006

图2-3-6 云环集团特装施工局部／天广联展览／中国／2006

图2-3-7 云环集团特装展位／天广联展览／中国／2006

1）基层要求　基层必须平整坚固，不得有粉化、起砂、空鼓、脱落等现象。基层不平处和麻面应用配套腻子刮平。内墙较多使用石膏腻子和耐水腻子。腻子干燥后要用砂纸磨平，清除浮粉，方可进行涂料施工。

2）施工工具　软毛刷、排笔、毛辊、喷枪等。

3）操作方法：

刷涂：一般使用排笔进行刷涂。横向、纵向交叉施工。如施工常用的"横三竖四手法"。通常刷两道。刷涂时，第一道涂料刷完后，待干燥后（至少2小时）再刷第二道涂料。由于乳胶涂料干燥较快，每个刷涂面应尽量一次完成，否则易产生接痕。

辊涂：可用羊毛或人造毛辊。这是较大面积施工中常用的施工方法。毛辊滚涂时，不可蘸料过多，最好配有蘸料槽，以免产生流淌。在辊涂过程中，要向上用力、向下时轻轻回带，否则也易造成流淌弊病。辊涂时，为避免辊子痕迹，拾接宽度为毛辊长度的1/4。一般辊涂两遍，其间隔应在2小时以上。

喷涂：首先将门窗及不喷涂部位进行遮挡，检查并调整好喷枪的喷嘴，将压力控制在所需要压力。喷涂时手握喷斗要平稳，走速要均匀，喷嘴与墙面距离30~50cm，不宜过近或过远。喷枪有规律地移动，横向、纵向呈S形喷涂墙面。要注意接茬部位颜色一致、厚薄均匀。且要防止漏喷、流淌。一般喷两道，其间隔时间应在2小时以上。

塑料及其成型加工

高分子聚合物或称高聚物是由千万个原子团以共价键结合而成的相对分子质量在一万以上的化合物，是塑料、橡胶、纤维等非金属材料的总称。

1）塑料的基本特性

展示设计对造型材料的要求是能够自由成型或加工，并能够充分发挥材料的特性，作为人工合成开发的塑料恰好能够满足这些需求。塑料的种类繁多、主要分热塑性塑料和热固性塑料。展示设计中常用的是热塑性塑料，这种材料质轻，比强度高（强度与密度的

图2-3-8　打腻子

图2-3-9　腻子刮平

图2-3-10　刷涂乳胶漆

比值），多数材料具有透明性、并富有光泽，能附着鲜艳色彩，有优异的电绝缘性（如：PVC、PS、PE、PC、PP等），耐磨、耐腐蚀、润滑性好，成型加工方便、能大批量生产，缺点是不耐高温，低温时易折断，耐候性差，易变形、易老化。

2）塑料的力学状态

随温度的变化，高分子聚合物会呈现不同的力学状态。在应用上，材料的耐热性、耐寒性有着重要的意义，而热性能取决于大分子的分子结构及聚集态的结构。热塑性塑料在受热后一般可出现三种不同的物理状态：玻璃态、高弹态和黏流态。

塑料的工艺特性实质，是将以塑料为原材料转变成塑料制品的工艺特性，即材料的成型加工性。塑料加工工艺大致可以分为三种：处于玻璃状态的塑料可以采用车、铣、钻、刨等机械加工方法和电镀、喷涂等表面处理方法；当塑料处于高弹态时，可采用热压、弯曲、真空成型等加工方法；塑料加热到黏流态时，可进行注射成型、挤出成型、吹塑成型等方法加工。

塑料成型加工

塑料成型是将不同的形态（粉状、粒状、溶液状或分散）的塑料原材料按不同的方式制成所需形状的坯件，是塑料制品生产的关键环节。主要的加工方法有注射成型、挤出成型、压制成型、吹塑成型、压延成型等。

注射成型

注射成型又称为注塑成型，是热塑性塑料和一部分流动性较好热固性塑料的主要成型方法之一。注射成型有许多优点，如能够一次成型出外形复杂、尺寸精确的制品，可以极方便地利用一套模具进行批量生产尺寸、形状、色彩、性能完全相同的产品。其优点是生成性能好，成型周期短等。

挤出成型

也称挤塑成型，主要适合热塑性塑料成型，挤出成型工艺是塑料加工工业中应用最早的、用途最广、适用性最好的成型方法。与其他成型方法相比，挤出成型具有突出的优点，设备成本低、操作简单、工艺过程容易控制，便于实现连续化自动生产，产品质量均匀、致密。挤出成型加工的塑料制品，主要是连续的型材制品，如薄膜、管、板、片、棒、单丝、网、复合材料、中空材料等。

压制成型

主要用于热固性塑料制品的生产，有压膜法和层压法两种。压制成型的特点是制品尺寸范围宽、表面整洁、光洁，制品收缩率小、变形小、各项性能较均匀；不能成型结构和外形过于复杂、金属嵌件较多、壁厚相差较大的塑料制作件，成型周期长、生产效率不高是其缺点。

吹塑成型

吹塑成型是用挤出、注射等方法制出管状型坯，然后将压缩空气通入处于热塑状态的型坯内腔中，使其膨胀成为所需的塑料制品。它分为薄膜吹塑成型和中空吹塑成型两种方法。

塑料的二次成型工艺

塑料的二次成型是指成型后的塑料制品进行二次加工，通常采用机械加工、热成型、表面处理、连接等工艺将第一次成型的塑料板材、管材、棒材、片材等加工制作成所需的制品。主要的工艺方法有：塑料的机械加工工艺、热成型工艺、连接工艺、表面处理工艺等。

1）塑料的二次机械加工方法

塑料的二次机械加工工艺包括锯、切、铣、磨、刨、钻、喷沙、抛光、螺纹工艺等。塑料的机械加工和金属材料的加工工艺方法基本类似，可沿用金属材料加工的切削设备工具。在加工时需要注意的问题是：塑料的热性能较差，加工时温度过高会导致其熔化变形、表面粗糙、尺寸误差大等问题。

2）塑料的二次热成型加工

塑料的二次热成型加工是将塑料管材（板材、棒材）等加以软化进行成型的加工方法。

主要的成型方法有模压成型和真空成型。模压成型的方法适用范围广，多用于热塑性塑料和热塑性复合材料的成型。真空成型又称为真空抽吸成型，是将加热的塑料薄片或薄板置于带有小孔的模具上，四周固定密封后抽取真空，片材被吸附在模具的模壁上而成型，脱模后即成型。真空成型的成型速度快、操作容易，但是后期加工较为麻烦。多用来生产装饰材料、艺术品、电器外壳和日用品等。

3）塑料的连接方法

塑料的连接包括焊接、机械连接、溶剂粘接、胶粘接等。塑料与金属、塑料与塑料或其他材料进行连接时，除了一般使用机械连接外，还有热熔粘连、溶剂粘连、胶粘剂粘连等方法。塑料的焊接又称为热熔粘连，是热塑性塑料进行连接的基本方法。利用热作用，使塑料连接处发生熔融，并在压力下连接在一起。常采用的焊接方法有热风焊接、热对挤焊接、超声波焊接、摩擦焊接等。溶剂粘连是利用有机溶剂（如丙酮、三氯甲烷、二氯甲烷、二甲苯等）将需要粘连的塑料表面溶解或膨胀，通过加压粘连在一起，形成牢固的接头。一般的可溶性塑料都可以采用溶剂粘连，ABS、聚氯乙烯、有机、玻璃、聚苯乙烯、纤维素塑料等热性能较好的塑料多采用胶粘剂粘连。热固性较好的塑料则不适合用胶粘剂粘连。

4）塑料的表面处理方法

塑料的表面处理技术主要包括镀饰、涂饰、印刷、烫印、压花、彩饰等。涂饰主要是为了防止塑料老化，提高塑料制品的耐化学药品与耐溶剂的能力，以及装饰着色，获得不同的表面肌理。镀饰是塑料进行二次加工的重要方法之一，它能改善塑料表面的性能，达到防护、装饰和美化的目的。烫印是利用刻有图案或花纹的热模，在一定压力下，将烫印材料上的彩色锡箔转移到塑料制品的表面，从而获得图案或文字。

展示设计中常用塑料材料

展示设计中大部分的塑料材料用于非结构的装饰和装修中，作为展示展览用装饰材料的塑料制品主要有各种塑料壁纸、塑料板材、塑料卷材地板、块状塑料地板、化纤地毯等（图2-3-11至图2-3-15）。

1）塑料壁纸和贴墙布

塑料壁纸是目前生产地址多、应用最广的一种壁纸，它是以具有一定性能的原纸为基层，以聚氯乙烯（PVC）薄膜为面层，经复合、印花、压花等工序制成。壁纸表面有同色彩的凹凸花纹图，有仿木纹、拼花、仿瓷砖等效果、图案逼真、立体感强、装饰效果

图2-3-11 美的集团广交会展位/ 中国 / 2008

图2-3-12 中国人民电器集团广交会展位/ 中国 / 2009

图2-3-13 凯丰集团广交会展位 / 中国 / 2008

好，适用于室内墙裙、客厅和楼内走廊等装饰。一般壁纸都具有质轻、隔热、隔音、防震、耐潮等特点。

2）塑料装饰板材
常见塑料装饰板材有阳光板、有机板、亚克力、PVC：

① 阳光板学名为聚碳酸酯板，是一种高强度、防水、透光、节能的屋面材料。它是以聚碳酸塑料（PC）为原料经热挤出工艺加工成型的透明加筋中空板或实心板，综合性能好，应用范围广泛，有多种色彩，加工工艺较简单，受规格限制，价格高。厚度有8mm、10mm、15mm，长度有3 000mm、4 000mm、6 000mm等不同的规格。

② 有机板的化学名称为聚苯乙烯。透明度比较高（透光率仅次于有机玻璃），具有优良的电绝缘性，高频绝缘性尤佳，质较脆，抗冲击性，耐候性及耐老化性比有机玻璃差，机械加工性质及热加工性质不如有机玻璃，能耐一般的化学腐蚀，化学性质稳定，硬度与有机玻璃相仿，吸水率及热膨胀系数小于有机玻璃，价格比有机玻璃低廉。规格1 200mm×1 800mm，厚度最薄0.4mm，常用厚度为2mm，3mm，4mm，5mm。

③ 亚克力是继陶瓷之后能够制造卫生洁具的最好新型材料。作为一种特殊的有机玻璃，亚克力可以用于制造飞机挡风玻璃并在恶劣环境下使用几十年。与传统的陶瓷材料相比，亚克力除了具有无与伦比的高光亮度外，还有韧性好，不易破损的特性。修复性强，质地柔和，色彩鲜艳等多方面优点。使用亚克力制作台盆、浴缸、坐便器，不仅款式精美，经久耐用，而且具有环保作用。

④ PVC，其主要成分为聚氯乙烯，另外加入其他成分来增强其耐热性、韧性、延展性等。这种表面膜的最上层是漆，中间的主要成分是聚氯乙烯，最下层是背涂黏合剂。它是当今世界上深受喜爱、颇为流行并且也被广泛应用的一种合成材料，它的全球使用量在各种合成材料中高居第二。PVC具有防雨、耐火、抗静电、易成型、重量轻、切割加工容易等性能，广泛应用于建筑装饰行业，可用作展示隔板的造型装饰。

图2-3-14　ELEC-TECH广交会展位 / 中国 / 2007

图2-3-15　CEIEC广交会展位 / 中国 / 2007

现代展示设计越来越多地运用塑料，其主要原因是塑料可以使设计造型取得良好的艺术效果和经济效果。通过简单的工序，获得所需任何复杂的造型，使展示设计不受或少受造型形式和加工技术的影响，能充分展现设计师的对整体设计的巧妙构思。此外，塑料的外观可变性大、易着色，可塑出不同形式的表面肌理，并通过镀饰、涂饰、印刷等技术手段，加工出近似金属、木材、皮革、陶瓷等各种材料所具有的质感。

玻璃及其艺术表现
玻璃作为一种古老而又新型的材料，在科技高速发展的今天，正在前所未有地发挥它的特性。玻璃具有一系列的优良特性，如坚硬、透明、气密性、装饰性、耐化学腐蚀性、耐热性等，而且可以用吹、拉、压、铸等多种成型和加工方法制成各种玻璃制品。玻璃是现代展示设计的一大媒介材料，已成为人们生活、生产和科学实验活动中不可缺少的重要材料。

1）玻璃的特性
玻璃是将原料加热熔融、冷却凝固所得的非晶态无机材料。

玻璃是一种脆性材料。它的硬度较大，仅次于金刚石、碳化硅等材料，比一般的金属硬，不能用刀具进行切割。玻璃具有吸收或透过紫外线和红外线、感光、光变色、光存储和显示等重要光学性质。常温情况下玻璃是电的不良导体，当温度升高时，通电量增大。

2）玻璃的种类
玻璃的种类很多，分类方式也多样，通常按其化学成分和使用功能进行分类。

按化学成分分类
玻璃按化学成分可分为石英玻璃、钠钙玻璃、硼硅酸盐玻璃、高硅氧玻璃、铝镁玻璃、钾玻璃、铅玻璃、镁铝硅系微晶玻璃、硫系、氧硫系等半导体玻璃和硅酸盐玻璃、硼酸盐玻璃、磷酸盐玻璃等。其中钠钙玻璃、铝镁玻璃在展示设计中的应用十分普遍。

按使用功能分类
玻璃按使用功能可分为平板玻璃、磨光玻璃、磨砂玻璃、压花玻璃、热反射玻璃、吸热玻璃、异形玻璃、钢化玻璃、夹层玻璃、夹丝玻璃、太阳能玻璃、热反射玻璃、光致变色玻璃、泡沫玻璃、中空玻璃、印刷玻璃、玻璃砖、玻璃马赛克等。

3）常用玻璃的特性与用途
① 普通平板玻璃：又称单光玻璃，属于钠钙玻璃类，具有透光、挡风雨、隔音、防尘等功能，有一定的力学强度，但性脆易碎，紫外线通过率低。主要用于普通门窗、隔断等。

② 深加工平板玻璃：普通平板玻璃抗冲击强度和耐热冷性能较差，质脆、易碎，使用不安全，不能满足实际需要和设计要求。而通过高新技术对平板玻璃进行深加工，能使玻璃的光学、电学、力学、声学性能及表面装饰效果等得到很大的提高。

深加工平板玻璃有钢化玻璃、夹层玻璃、热反射玻璃、吸热玻璃、变色玻璃、夹丝玻璃、中空玻璃、泡沫玻璃、玻璃砖等。

玻璃冷加工
玻璃冷加工是在常温下通过机械加工的方法来改变玻璃的外形和表面状态所进行的工艺过程。冷加工一般包括研磨、抛光、切割、喷沙、钻孔、车刻等。

玻璃的表面处理
玻璃彩饰：利用彩色油料对玻璃进行装饰的过程，常见的方法有描绘、喷花、贴画、印花等。各种方法可单独使用也可组合使用。

图2-3-16 玻璃作为墙面的使用

图2-3-17 玻璃的展示应用

图2-3-18　玻璃墙的展示效果

图2-3-19　SASSIN集团广交会展位纱布使用效果／中国／2009

4）展示设计中常用玻璃材料

展示用的玻璃材料主要可以分为平板玻璃、钢化玻璃、毛玻璃、压花玻璃、夹丝玻璃、釉面玻璃、彩色饰面玻璃等。

平板玻璃也叫青玻璃，是最为普通的玻璃材料，主要成分是二氧化硅。玻璃质地硬而脆，是一种无色的透明材料，一般厚度为4~5mm。家庭用的窗户多为这种玻璃材料。

钢化玻璃是将平板玻璃按产品要求进行切割、磨边、洗涤干燥，然后将其加热到接近玻璃软化温度，又立即急剧冷却而制成的。钢化玻璃是一种高强度的安全玻璃，其抗弯强度和抗冲击强度是普通玻璃的4倍以上，而且破碎后，其碎片呈颗粒状，提高了产品的使用安全性。钢化玻璃按形状分为平面钢化玻璃和曲面钢化玻璃，平面钢化玻璃厚度有4mm、5mm、6mm、8mm、10mm、12mm、15mm、19mm等8种；曲面钢化玻璃厚度有5mm、6mm、8mm等3种。

毛玻璃主要是指表面经过特殊处理的具有磨砂、不透明效果的玻璃。最典型的毛玻璃为一面光滑、一面有浮雕花纹。

压花玻璃又称为花纹玻璃或浪花玻璃，是采用压延方法制造的一种平板玻璃，制造工艺分为单辊法和双辊法。压花玻璃的理化性能基本与普通透明平板玻璃相同，仅在光学上具有光不透明的特点，可使光线柔和，并具有屏护作用和一定的装饰效果。压花玻璃适用于建筑的室内间隔，卫生间门窗等要阻断视线的场合。

夹丝玻璃又称防碎玻璃和钢丝玻璃，是将普通平板玻璃加热到红热软化状态，将预热处理的金属丝或金属网压入玻璃中间制成。

釉面玻璃是在玻璃表面涂敷一层彩色易熔性色釉，然后加热到釉材的熔融温度，使釉层与玻璃牢固结合在一起，经退火或钢化等不同热处理方法获得。

彩色饰面玻璃是对通过的可见光具有一定选择性吸收的玻璃。按照色工艺可分为本体着色和表面着色。色泽多种，可拼成各种花纹的图案，产生独特的装饰效果。

玻璃是一种优雅、神秘的材料，令人痴迷和向往。玻璃以其天然的、极富魅力的透明性和变幻无穷的色彩和流动感，充分展示了其材质美。玻璃的材质美的特征主要集中于透明性，这是玻璃"最可贵的品格"。

软质材料

软质材料在会展设计的整体造型、空间分割中起着重要的作用，给人带来软的、有弹性的、柔顺的感觉，同时它又能改变室内的光线、色彩和质感。

纺织物

纺织物是由纺成的具有一定长度和细度比的纤维纱或线，通过织机按一定的规律交织而成。其性能和特点是由纺织纤维的性能和生产加工方式所决定的。展示设计中纺织材料的运用主要是受到纤维艺术的启发。所谓纤维艺术，即利用各种纤维材料（纸材、木材、竹、藤、金属等），运用编织的技巧（结绳、编

图2-3-20 DOLAND北京服装节展位线帘使用效果 / 中国 / 2011

钩、缠绕、织、网、捆扎）进行的艺术创作。采用染、印、结、粘、折等综合表现的主要手段，并融入艺术家的观念和艺术形式，在展示设计中恰当地采用运用织物、纤维艺术，可以为展示空间的艺术处理带来丰富的装饰效果。纺织物在展示设计中具有吸声、隔音、保温、遮光、吸温和透气等作用，使展示空间环境具有柔和、亲切和温暖之感。它广泛应用于门窗帘、地毯、壁面和家具软包、床上用品、装饰壁挂等。纺织物是展示设计中常用材料之一，主要包括无纺壁布、亚麻布、帆布、尼龙布、法兰绒、弹力布、线帘、绷布等。

图2-3-21 DUPONT SORONA特装展位绷布使用效果 / 中国 / 2006

图2-3-22 弹力布安装过程

案例分析

灯带的造型需要预先在墙体上开槽埋灯管，视不同的造型工艺埋T型灯管或LED灯片。外面再贴透明有机片或软膜来形成发光灯带效果。其发光颜色取决于灯管颜色或外敷透光材质的颜色（图2-3-23）。

许多特殊造型我们可以利用石膏或泡沫塑料等可塑性较强的材料来制作，再以表面的特殊材料涂饰达到以假乱真的效果。图2-3-24所示的鸡蛋造型就是利用石膏塑模而成，表面粘了一层棉花后，做成富有创意的道具。

利用一些原材料的几何外形或本身具有的肌理效果直接加工成展架或展墙是现代展览中展示材料的一种创新手段。利用这种手段能把废变宝，视觉效果强并可以节约成本。图2-3-25中的墙体就是用PVC管外包壁纸排列达到的效果。

图2-3-23　立体带造型的发光灯带（使用材料：LED贴片灯带）

图2-3-24　"鸡蛋造型"：石膏、表面覆一层棉花

图2-3-25　材料设计造型站台效果（使用材料：PVC管）

LED贴片灯带的柔韧性非常好，当我们在做一些特殊异性的发光灯带的时候，T型灯管就不适合了，选择用LED贴片灯带差不多三个小灯泡就可以为一组拼成各种造型的灯带（图2-3-26）。

泡沫塑料在展览里是常用的材料之一。它价格便宜，且质量轻。展位中用的最多的是用泡沫塑料做企业Logo和泡沫字。由于泡沫塑料的可塑性非常强，我们也常常用它来做些道具。（图2-3-27）中的小蘑菇造型便是用泡沫塑料削出来的造型，再贴表面材质。

写真喷绘通常用在展墙或展板中。写真喷绘的前期画面设计制作阶段尤为重要，特别是对尺寸的把握，大的画面需要用几张喷绘拼接而成。写真喷绘的粘贴需要美工人员的经验，画面张贴不能倾斜，拼接处不出现明显缝隙，且画面不起泡。

图2-3-26　立体带造型的发光灯带（近景）

图2-3-27　蘑菇造型（使用材料：泡沫塑料）

图2-3-28　亚克力灯盒字、写真喷绘

第三节　特装展位搭建

3. 特装展位的搭建步骤

一个展览项目的操作流程：

1）项目接洽阶段

获取参展客户信息上门拜访客户，取得客户参展相关资料，明确设计图交付日期。

2）项目设计阶段

与设计师沟通并即时同客户进行展位设计的交流，向客户交付设计初稿、设计说明、工程报价，研究客户反馈意见并再次修改，交付最后定稿之设计图及工程报价。

3）项目签约阶段

同客户确定工程价格，明确同客户的相互配合要求，签订合同。

4）项目制作阶段

根据部门工作单完成制作及准备工作，安排客户到工厂实地察看制作及准备情况，完成主办、主场、展馆等各项手续。

5）现场施工阶段

现场展位搭建，处理现场追加、变更项目，配合客户展品进场，客户验收。

6）展期及撤场阶段

安排展会期间现场应急服务和增值服务，配合客户展品离场，现场拆除。

7）后续跟踪服务阶段

展会的后续总结报告，为客户提供行业会展信息和分析，邀请客户参观公司其他服务案例。

案例分析

下面以法雷奥公司2013年上海车展的特装展位的设计与制作流程作为案例

图2-3-29 法雷奥上海车展特装 / 李治锌 / 中国 / 2013

1. 项目接洽阶段

1）获取参展客户信息

以下一些渠道是有可能帮助获得最初步的客户信息的。

上届展览会的会刊——一般比较成熟和已经固定的展会，行业中的主要厂商基本上会继续参展，所以上届会刊是很好的渠道。会刊资料往往登载有平面图（可以看出是否展位属于特装，一般面积在36平方米以上是需要特别布置的）、展商的联系方式和简介（有些展会也会把公司的展会负责人姓名登在上面）。会刊资料可以配合现场实景照片进行比较，重要展会进行拍摄存档（数码相片统一存放路径电脑备份、相片纸打印编号存档以方便查阅）。

展会专设网站——比较有规模的展会基本上建有专门的网页，一般有对下届展会的宣传和以往展览的回顾，有些不仅会列出上届的展商，为显示其展会效益，网上也上传一些布置得挺美观的展位照片。

行业资讯媒体——行业资讯媒体比较熟悉其行业的展会和厂商，有些专门的采访类栏目，类似展会快报的性质，里面有参展商市场宣传方面的负责人信息。

正在服务客户的参展商手册和平面图——如果在每次展会上有已经在服务的客户参展，最好能够通过他们获得展位平面图（在为新客户服务时也要尽可能获得所有展商的平面图），上面是最新的参展商，该届展会的特装客户可以一目了然。

2）上门拜访客户

会展行业的业务特殊性在于它的客户基本是确定的，只是客户需要选择不同的供应商而已。很多的客户会进行邀稿竞标，这些是很多展览公司都可以进入的，有些供应商关系已经固定的客户需要通过其他机会再进入。很多时候，确实要参展的特装客户是需要展览服务的，是可以进行登门拜访的。

通过对客户的交谈，详细了解客户的意图，明确客户希望展示的主题，偏爱色调，是否开辟洽谈区，需要媒介设备等。有些客户会提供他们的公司介绍给展览公司，但即便有对方的公司介绍，通过交流，业务人员需要得知其以往的展台情况，特别是为什么会放弃原有的合作关系，有哪些地方是不满意的。

有些客户通常邀请很多家比稿，但最后选中的方案是几个方案的集合，对于这种客户事先很难分辨。也有个别客户已经有了搭建商，只是为了形式，或是为了通过比稿得到一份现成的设计图，最后自己另外找人做。目前会展行业比较混乱，该种情况希望可以通过与客户交流能够提前得以发觉。

3）取得客户参展相关资料

如果得到客户的认可，同意为其展览提供策划设计，通常需要得到客户的以下资料——展馆平面图、展位面积、展商手册、客户公司介绍资料、客户公司全称、客户标准司标、客户标准字体、客户标准色标、参展产品名称规格和数量登、参展产品用电要求、重点参展产品、展位制作预算。

通常不管是何种情况，客户都会提供设计本身需要的资料，但对于展览服务公司来说，获得客户的费用运算是最关键的，在投标比稿中尤为重要。有些客户会给一个大概的范围，但有些客户不愿透露，甚至本身也没有事先有预算。我们可以收集该客户的以往同行业展位照进行比较，或者把一些展位图给客户参考选择，并告知其大致费用，请其选择参考。客户一般会选择其风格和价格都比较接近的展台图。

参展商手册和客户要求关系到设计师的方案是否能够达到入围中标，应该尽可能齐全地从客户那边获得。展商手册涉及了展馆的技术参数和规则要求等。客户要求可从以下几个方面明确：展位结构、展位材质要求、色彩要求、设计重点、照明要求、展板数量、展位高度等。

4）明确设计图交付日期，制订工作计划同客户明确

首稿的交付时间和要求，会同设计师进行安排。对于大的项目，应该制定一份工作时间明细表，有需要可以提交给客户。

2. 设计阶段

1）向设计师转交客户设计要求并随时与客户进行展位设计的相关沟通交流。

为形成设计部的统一安排，业务人员应该把与客户在项目接洽中获得的客户设计要求和可能的需求风格，填写设计明细表，转交给设计部的负责人。

在设计师出图中，业务人员应该保持同客户的随时联系，把握其可能的变化。如果有必要，应该把设计师介绍给客户，让双方可以有直接的联系。

对于需要亲自去考察测量的场地，可以由业务人员或者设计师安排去现场。设计师应注意同工程施工人员保持联系，了解最新的展示材料，避免设计采用的材料陈旧或者有些设计无法实地施工。

2）向客户交付设计初稿、设计说明、工程报价。
展台初稿定下以后，会同供应商得到成本价，制作明晰的报价单。一般展台设计的报价有一个比较细分的顺序，既是为了方便具体列项也有助于让客户明了并乐于接受，往往按照设计图从天到地或者从外到里按顺序罗列，防止漏掉项目。在报价中要对材料、颜色、形状及尺寸进行尽可能完整的描述。一份完整的报价就是一份详细的工单，便于把握施工成本核算及施工的准确性。

展览设计承建中，有一部分费用是可以由客户自己向展馆支付的，但往往实践中都是展览公司代交的，应在报价中凡代场馆收费的项目一定要注明，比如，电箱申请、场地管理费等。

有些客户要求在提交设计图时同时附上设计说明，但有些要求比较简单，只要看到实际的效果图就可以；一些形成规模的企业比较注重形象宣传，尽管没有明确要求设计图附有说明，但从今后正规化考虑，应该

提倡设计师写设计说明。一般可以就展位风格、材质说明、展位功能、色彩说明、照明说明、设计重点等几个方面进行阐述。交图时，如果能够安排设计师一起同客户见面的就好，可由设计师向客户说图，解释该方案的卖点和最大的与众不同。

3）研究客户反馈意见并进行再次修改。
客户如果是多家比稿的话，就会有一番筛选。如果要求我们继续修改，那么应仔细了解其真实意图。有些客户经过第一次接触后，即便是原来对展览陌生的要说出个一二来，应仔细同其沟通。如果客户要求重新以不同风格再次出图，应该综合具体情况。

4）交付最后定稿之设计图及工程报价。

3. 签约阶段
1）同客户确定工程价格
在报价确定价格时，一定要保证所有的材料和特别要求公司是能够做到的。否则一旦客户确认而现场无法达到要求的话，将造成不好影响。

2）明确同客户的相互配合要求
展馆现场搭建的时间一般都比较紧张，只有2~3天，其中还有客户的展览产品需要布置，有时涉及需要提前申报的事宜，应同客户协调好双方负责的范围。

3）签订合同

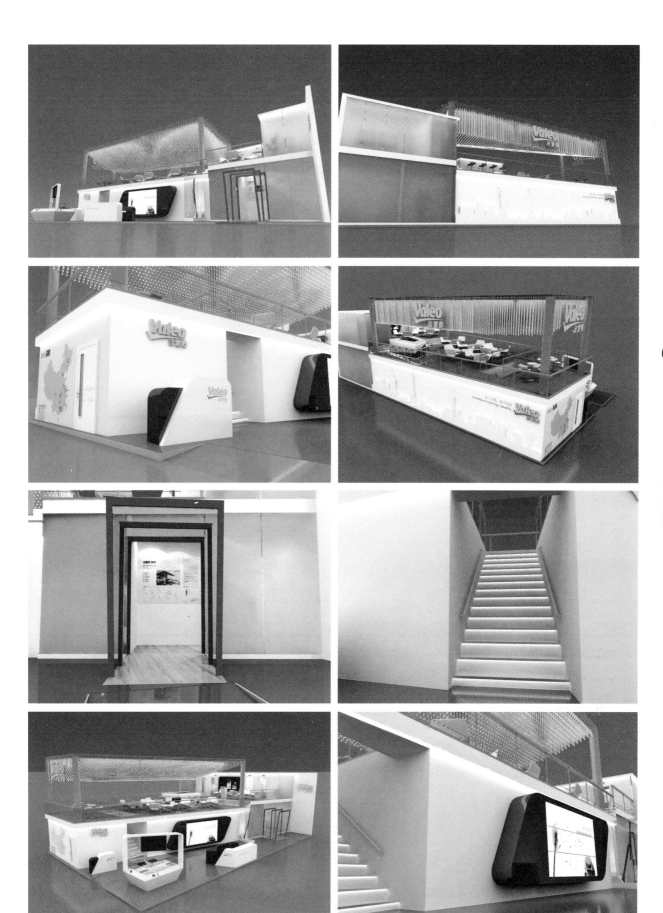

图2-3-30　法雷奥上海车展特装设计效果图（外立面效果）/ 李治锌 / 中国 / 2013

图2-3-31　法雷奥上海车展特装设计效果图（内部效果）/李治锌/ 中国 / 2013

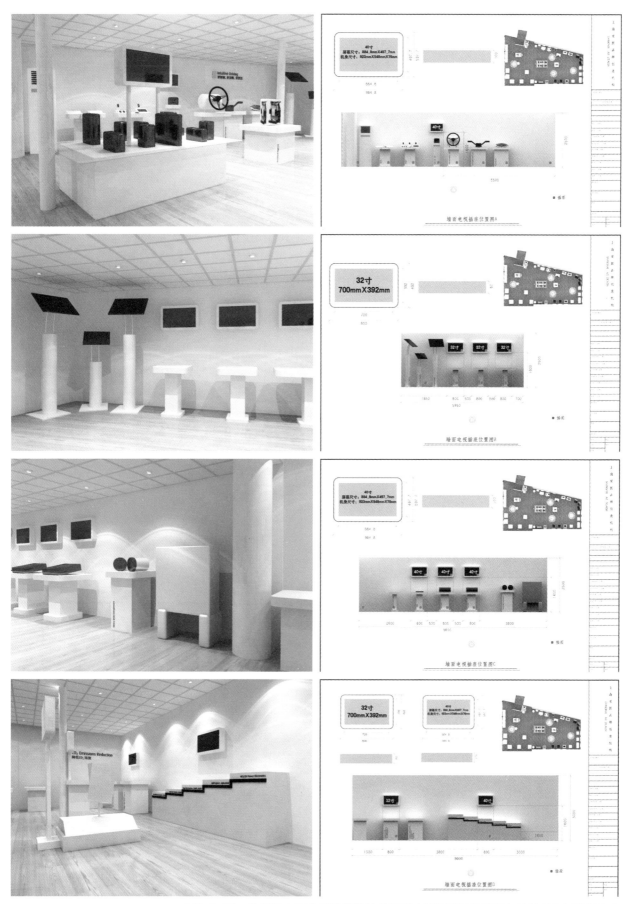

图2-3-32 法雷奥上海车展特装设计效果图（展品展示示意图）/李治锌/ 中国 / 2013

4. 工厂制作阶段

1）根据部门工作单完成制作及准备工作。

根据具体项目的需要，安排AV设备、木工结构制作、地毯供应商、美工制作等部分按照设计图的要求和客户的制定进行制作。注意在制作过程中如果有变动，应及时同设计师联系，有需要业务人员应照会客户。

2）安排客户到工厂实地察看制作及准备情况。

一般客户确认最后的效果图后就只是等待到时进场，有些项目较大或者是客户特别注重的项目会在制作中进行监督，我们应做好安排其到公司或工厂间参观的准备。

3）完成主办、主场、展馆等各项手续。

有些项目应该是要于开展前向展馆或者主办方进行申报的，如果该部分工作是由我们来完成就要就定水、电、气与客户确认，并向主办方提供必要的材料，如电图等进行审批。对于某些特殊用材如霓虹灯、高空气球等还要进行特别的审批。

图2-3-33 法雷奥上海车展特装——展墙制作 / 中国 / 2013

图2-3-34 法雷奥上海车展特装——背板制作 / 中国 / 2013

图2-3-35 法雷奥上海车展特装——地台制作 / 中国 / 2013

图2-3-36　法雷奥上海车展特装——铁架拼接 / 中国 /
2013

图2-3-37　法雷奥上海车展特装——板材制作 / 中国 /
2013

图2-3-38　法雷奥上海车展特装——板材加工 / 中国 /
2013

图2-3-39　法雷奥上海车展特装——工厂制作辅助工具 /
中国 / 2013

图2-3-40　法雷奥上海车展特装——发光地台灯管安置 / 中国 / 2013

图2-3-41　法雷奥上海车展特装——LED灯管制作 / 中国 / 2013

图2-3-42　法雷奥上海车展特装——楼梯制作 / 中国 / 2013

图2-3-43　法雷奥上海车展特装——展台制作1 / 中国 / 2013

图2-3-44　法雷奥上海车展特装——展台制作2 / 中国 / 2013

图2-3-45　法雷奥上海车展特装——展台制作3 / 中国 / 2013

图2-3-46　法雷奥上海车展特装——展台局部加工 / 中国 / 2013

图2-3-47　法雷奥上海车展特装——展台局部开槽 / 中国 / 2013

5. 现场施工阶段

光地展位是指主办单位仅提供相应面积的展出场地，不提供任何电源、照明等设施，需要者另外租用。它的面积大小和位置优劣与参展者所付的费用有关。租用光地展位的优点是参展者有较大的控制余地，可以按自己的意愿，自由发挥创造力和想象力进行设计、搭建展位，使展位富有个性、特色，突出参展者的形象。

有了光地展位，即可开展现场搭建工作。

1）现场展位搭建

现场施工的好坏决定了项目设计是否得到了实现。现在有很多的展览公司只注重设计不注重搭建，造成了客户的不满，这也是展览服务中经常有客户更换供应商的原因。一般在搭建中客户也会在现场布置展品，此时最好具体负责该项目的业务服务人员能到现场陪同，有必要，设计师也可以到现场监督施工，并同客户即时交流。尽管实际的效果不能马上体现，但是很多客户希望能得到这样的服务。如果业务人员确实有原因不能在现场，应该把负责搭建布置的联系人介绍给客户。

2）处理现场追加、变更项目

现场中经常会有一些设计中本身没有预料到的情况出现，而且客户也会临时提出一些要求。如果是由于公司本身的原因造成的，应即时进行更改，如果是客户额外提出的，应保证首先满足其合理的要求，同时对追加的部分要求客户签收补充到总项目款项中。

3）配合客户展品进场

实践中往往是先把展台结构布置好以后再安排展品入场的，现场的工作人员一定要注意为客户服务，配合其展品进场。

4）客户验收

所有的搭建工作完成后，要进行展位的卫生清洁，该项工作主要能使我们的工作完成，直到客户验收完，确保次日的开幕。（应注意有些时候自己展台搭建完成得较早，所有工作都结束后，大家都以为没事了，但隔壁展位的施工会使展台卫生和展品摆放等受到影响）

图2-3-48　法雷奥上海车展特装现场搭建 / 中国 / 2013

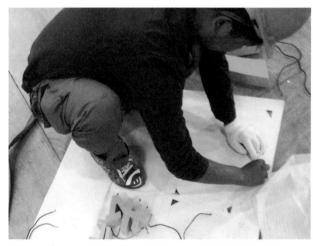

图2-3-49　法雷奥上海车展特装——现场项目变更 / 中国 / 2013

图2-3-50　法雷奥上海车展特装——客户验收 / 中国 / 2013

现场展位搭建的主要步骤如下：

① 清理地面。

先清扫地面，注意主办方划定的地界范围。

② 铺设电线。

由电工按照施工电路图在展位地面上铺设电线，预留终端铜线不能外露，要接上尼龙接头或瓷接头。

③ 铺地毯或地板。

由于电线露在外面会比较危险，同时也不美观，因此我们在展位范围内铺设地毯或地板时，地板垫木不能压在电线上。为了保持地毯、地板整洁，可在其上覆盖一层塑料薄膜。

④ 展位地地面处理完之后就要根据布展平面图、立面图进行展位结构部件的整体拼装固定。

⑤ 整体结构完成拼装固定后贴饰面材料或喷刷涂料。

⑥ 安装展板、参展企业标志等。在固定、搭建好整个展位的主要结构之后，借助搭建好的主结构，按照布展平面图、立面图，对用来围合展位以及分隔不同功能空间的分块展板，进行整体拼装固定。同时可在展位结构的高处醒目位置安装已经做在轻质材料上的参展企业标志，或者在结构高处悬挂参展企业的宣传海报。

⑦ 安装灯具。

这部分布展工作有时可以与安装展板、参展企业标志等工作同时进行，电工和木工相互配合，分工协作，按照施工电路图，将展位内所需的灯具全部安装完毕，接好电源。

⑧ 悬挂展板、摆放道具。

按照布展平面图、立面图，美工与木工通力协作，在已安装好的展墙上悬挂已喷绘、写真好的展板，并开始摆放展位内所有的道具，这时需要电工一起参与，对一些已装有灯具的道具（包括灯箱）进行接线，为一些需要用电的道具、展品提供电源，另外可能还要摆放一些循环便携式展具完成所有的工序后，我们需要检查是否有细节遗漏，特别是电工接线中一些容易疏忽的细节更要注意，以保证用电安全。在全部细节检查完毕后，请电工合上展位的总电源（并持续半个

图2-3-51　法雷奥上海车展特装光地地面清理 / 中国 / 2013

图2-3-52　法雷奥上海车展特装铺设电线 / 中国 / 2013

图2-3-53　法雷奥上海车展特装地面拼装 / 中国 / 2013

第三节　特装展位搭建

小时以上），检查展位内所有光源（包括灯箱）是否点亮？所有电源是否有电?总电源是否会跳闸？同时，利用这段时间，对所有现场安装灯具的位置进行调节。

⑨ 绿化展位会展布段人员应利用一切手段来提升展位形象、展示空间质量，绿化展位是一个不容忽视的元素。展位绿化主要围绕接待客人活动的主要场所进行。绿化宗旨是朴素、关观、大方，可选择观赏价值高、姿态优美、色彩丰富的盆栽花木或花篮、盆景，展位绿化不仅可以起到美化空间环境、净化空气质量、增加空气湿度的作用，同时还能起到调节场内空间布局的效果。展位绿化应在展品布置完毕后，会同参展商共同完成展前布置过程中会出现较多的搭建用废弃物，这就要求我们会展布置人员在一天的布展工作结束时，注意进行展位的清洁工作，除了把一些垃圾扔进垃圾桶外，还要认真做好清场工作，确保展后安全。

图2-3-54　法雷奥上海车展特装整体结构拼装 / 中国 / 2013

重点是：
① 清理易燃杂物、火种和其他灾害隐患。
② 切断电源。
另外，在布展工作过程中，也要注意尽量减少垃圾的产生。

6. 展期及撤场阶段

1）安排展会期间现场应急服务和增值服务

在开展期间，主要是客户的接待工作，但很多时候会需要对展台进行维护和临时配置东西。业务负责人员和一两个工人应在现场进行应急服务。从客户方

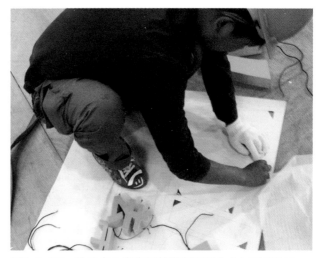

图2-3-55　法雷奥上海车展特装平面制作 / 中国 / 2013

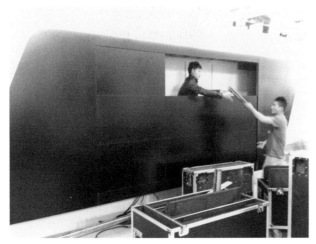

图2-3-56　法雷奥上海车展特装防火板贴面 / 中国 / 2013

图2-3-57　法雷奥上海车展特装展台拼装 / 中国 / 2013

图2-3-58 法雷奥上海车展特装平面布置 / 中国 / 2013

图2-3-59 法雷奥上海车展特装外力墙布置 / 中国 / 2013

图2-3-60 法雷奥上海车展特装LED造型拼装 / 中国 / 2013

来讲，他很是希望能够在展览期间有展览公司的人在场，并且最好是他熟悉的，能够有需要的时候随时可以得到解决。客户在现场的工作人员应该有现场服务人员的最直接的联系方法。

增值服务方面可以很广泛，有些业务人员在现场帮助客户做接待工作，外语水平好的可以充当翻译服务，甚至可以帮助客户发送资料、安排客户间见面等。

2）配合客户展品离场和现场拆除

展览结束后，应首先配合客户把展品撤离现场，再进行展位的拆除，如果客户对有些材料需要再次使用的，应帮助其大包运输；如果是需要保存的，应主要拆装。

在撤展时，包装材料、展位搭建材料或碎片不得阻塞展馆内通道。一般情况下，撤展时间总是安排在展览会最后一天的下午三点。撤展并不仅仅是拆除展台，还包括把展商带来的所有展品重新打包和运离展馆的工作。在此期间，撤展人员的行动一定要听从主办方特别是参展商的指挥。撤展流程大致分成以下三个步骤：

① 归还租赁器材

撤展人员首先要将所有租赁的展具、器材全部归还给出租方，各参展商到现场服务台主办方办理"出馆放行条"手续。所有的出馆物品必须填写组委会发放的出馆物品放行条，并由主办方统一签字，否则所有物品一律不得出馆。

② 展品包装回运

展览结束后，参展展品一般有四种处理方法：出售、赠送、销毁和回运。参展商可以将展品出售或赠送给客户或者当地的代理商，如果某些展品回运不划算又不愿意赠送，往往可以选择就地销毁。对于一些价值较大，又无法现场出售的展品，参展商就要选择运回去。这时就需要撤展人员在参展人员的指导下，将所有准备回运的展品打包。

回运展品要特别注意包装。前面我们已经着重讨论过展品的包装，包括包装所用的材料、种类等。撤展回运包装和展前包装同样重要，我们必须合理利用展前的一些包装材料，避免浪费。这也是为什么我们在展前展品包装过程中，选择包装材料时要尽可能的选择可重复利用材料的原因。

③ 退回前期预付的相关费用
完成工程后，应即时进行成本总结，向展馆或主办方退回事先预付的电箱申请、通信押金等费用。

7. 后续跟踪服务

做好后续服务是赢得回头客的重要原因。许多公司认为展会有些要间隔半年一年的才举办一次，展会结束了也就中断了与客户的联系，从而忽略了对客户的关怀。但其实客户是很脆弱的，也是很容易被他人挖走的。

所谓的展览后续服务其实很广泛，比如，公司可以把在展览现场的照片打印或冲洗一份给客户（包括客户本身的和其他公司的）、为客户整理展会的会后总结、收集该行业的今后会展信息、提供客户选择下次参展，如果方便，可以邀请客户参观公司为其他行业客户设计的优秀展出等。只要我们能够在合同项目列表上为客户多付出一份努力，都将为公司在下次服务中赢得优势。

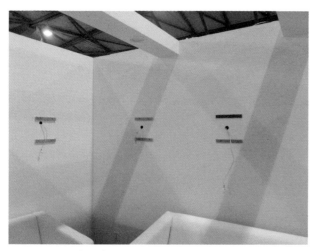
图2-3-61　法雷奥上海车展特装灯具拆卸 / 中国 / 2013

图2-3-62　法雷奥上海车展特装物件打包 / 中国 / 2013

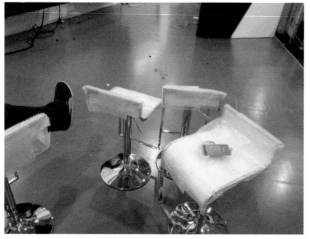
图2-3-63　法雷奥上海车展特装租赁器材整理归还 / 中国 / 2013

图2-3-64　法雷奥上海车展特装打包运输 / 中国 / 2013

实践任务四

▶ 课程概况

课题名称：特装展位搭建实训

课题内容：通过学习与实地见习，使学生了解和掌握有关各类展示工程的制作施工规则、流程以及常用工艺、设备的具体制作方法，并能灵活应用于具体工程案例实施与管理

课题时间：6课时

训练目的：本课程的重点是让学生了解各类展示工程的制作施工规则、流程、现场施工管理条例并清晰地了解展示工程的制作施工特殊性，展台搭建的多种工艺、设备的具体操作方法等。

教学方式：本课程考核要求结合实操表现、观摩见习，收集图文资料，最终分析整理编辑为某具体特装工程案例的实训报告书（含工程设计图、材料选配、日程进度记录、搭建工艺、维护与撤展等），经总结课程上台演示，综合评定学生成绩。

教学要求：1．以组为单位，以ppt形式结合理论知识，组内成员相互配合完整报告。

2．组报告时间不得少于25分钟，每人发言不得少于5分钟。

3．每人发言部分必须独立完成，且整体报告需统一完整。

作业评价：1．实训中个案记录的图片及文字是否详细具体，整个过程是否完整。

2．对特装展位的施工操作过程、施工工艺、材料解释是否条理清楚，观点明确、独特。

3．个人的口头表达能力，讲解能紧密结合专业，能从专业角度进行较深入分析。

4．ppt制作得美观，其表现形式是否结合表达内容。

（可结合综合实训周进行）

第三节　特装展位搭建

第四节　展示工程管理

1．展示工程成本管理

工作情景会展布置成本控制是会展布置流程管理的一个重要组成部分，它对于促进增产节支、加强经济核算、改进企业管理、提高企业经济效益具有重大意义。为使成本管理达到系统而全面、科学和合理的要求，小明和会计一起为一个即将进行的会展布置项目编制了预算，力求以最少的成本耗费取得最大的展示效果。

活动引导经济效益是企业生存、项目运转的基本条件。只有懂财务、会节约的会展布置人员才会受到企业的欢迎。

会展布置费用一般是由直接工程费、间接费、计划利润、税金四个部分组成.

1）直接工程费：直接工程费由直接费、其他直接费、现场经费组成。

① 直接费：
直接费是指会展布置过程中耗费的构成工程实体的和有助于布置完成的各项费用，包括人工费、材料费、施工机械使用费。

人工费：
人工费是指直接向从事会展布置的生产工人开支的各项费用，内容包括：基本工资、工资性补贴、生产工人辅助工资、职工福利费等。

材料费：
材料费是指会展布置过程中耗用的构成会展工程实体的原材料、辅助材料、构配件、零件、半成品的费用和周转使用材料的摊销（或租赁）费用，内容包括：材料原价（或供应价）、供销部门手续费、包装费、材料自来源地运至工地仓库或指定堆放地点的装卸费、运输费及运途损耗、采购及保管费。

施工机械使用费：
施工机械使用费是指使用施工机械作业所发生的机械使用费以及机械安、拆和进出场费用，内容包括：折旧费、大修费、维修费、安拆费及场外运输费、燃料动力费、人工费、运输机械养路费、车船使用税及保险费等。

② 其他直接费：其他直接费是指直接费以外的，在会展布置过程中发生的其他直接费用，内容包括：冬季雨季施工增加费、夜间施工增加费、二次搬运费、通信、电子等设备安装使用费、生产工具用具使用费、检验试验费、特殊工种培训费、场地清理等费用。

③ 现场经费：现场经费是指为会展布置准备、组织会展布置和管理所需的费用，内容包括：设施费，场馆管理费。

2）间接费：间接费由企业管理费财务费和其他费用组成。

① 企业管理费：企业管理费是指施工企业为组织施工生产经营活动所发生的管理费用，内容包括：管理人员的基本工资、工资性补贴及按规定标准计提的职工福利费、差旅交通费、办公费、固定资产折旧费、修理费、工具用具使用费、工会经费、职工教育经费、劳动保险费、职工养老保险费及待业保险费、保险特、种全等。

② 财务费用：财务费用是指企业为筹集资金而发生的各项费用，包括企业经营期间发生的短期贷款利息净支出、汇兑净损失、调剂外汇手续费、金融机构手续费，以及企业筹集资金时发生的其他财务费用。

③ 其他费用：其他费用是指按规定支付会展、劳动、工商管理部门支付的上级管理费，以及按有关部门规定的管理费。

3）计划利润：计划利润是指按企业内部规定应计入会展布置工程造价的利润，它根据不同项目来源或规模实施差别利率。

4）税金：税金是指国家税法规定的应计入会展布置工程造价内的营业税、城市维护建设税及教育费附加税。

实践任务五

▶ 课程概况

课题名称：某展览工程概预算编制

课题内容：工程预算

课题时间：10课时

训练目的：加深对材质工艺的了解，掌握基本的预算能力。

教学方式：综合已进行过的练习，准确施工图的具体尺寸及材料，以表格形式做报价预算。

教学要求：1．掌握展示工程的材料的基本价格。

2．计算分解结构中的材料所需面积的施工结构。

3．合理预算施工价格和税后报价

作业评价：1．标价表上应体现出合理的预算总值。

2．其标价上各个展具数量准确，价格合理。

3．清楚表明租用和购买部分器具的数量及价格。

第四节 展示工程管理

相关知识点

目前展览基本报价参考

1. 背墙 120元/m²，9cm板加木龙骨，厚15cm。
2. 涂料20~25元/m²，普通涂料，2底2面。
3. 地台50元/m²（租用）。
4. 灯箱，按每平方米算，在150元左右。表面喷绘，内打T4灯。
   如果用有机片写真，则为200元。
5. 地毯，普通的展毯8元左右，加厚的地毯在20元左右每m²。
6. 喷漆道具为1000元1m，高不超过1.5m。如果按平方米算，每个平方米为1500元左右。
7. 布展和撤展的人工为200～300元一天。一个100m²左右的摊位，需要10个人左右（根据方案的复杂程度）。
8. 其他项——电费、现场管理费、运费等（以当地展馆要求为准）。

案例分析1

某展览制作工厂在长期的设计与制作过程中，总结出一套在展台制作中的常规成本预算。
展台设计制作预算一般包括4类内容。即直接费用、间接费用、利润和税金。

1）直接费用：指的是设计制作过程中直接产生的费用。如材料费、人工费、运输费、机械租赁费用等；
2）间接费用，是指直接费用之外的附加费用。如管理费用、固定资产折旧，通信费用、交际费用等；
3）利润，是展台设计公司的合理利润，一般在总价的10%~15%的范围内；
4）税金，是指国家税务部门按照有关规定收取的税费。一般是营业税、所得税以及教育费附加税等，为10%~12%。

某展览制作工厂认为，每一个展台从设计到制作搭建完成，甚至到拆展运输，在使用经费上都占有一定比例的，而这些预算项目分配比例又都有一定的规律。这种规律就是指每个项目支出的合理空间。一般来说，在展台制作总预算中，其各个项目的分配比例规律如下：

1）场地租用费，占总报价的15%~20%；
2）设计施工费，占总报价的20%~25%（含材料费）；
3）运输仓储费，占总报价的8%~10%；
4）员工工资劳动保障等费用，约占总报价的15%；
5）办公费，约占总报价的15%（含纳税固定资产折旧）；
6）差旅费，占总报价的7%~10%；
7）接待费，约占总报价的5%；
8）宣传费及其他费用，占总报价的5%~10%（含不可预见费用）。

案例分析2

伊顿慈溪住博会特装

图2-4-1　伊顿庄园慈溪住博会特装展位／中国／2006

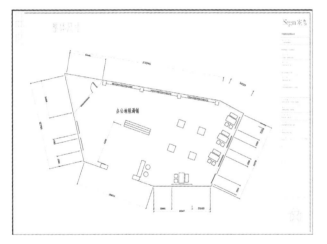

图2-4-2　伊顿庄园慈溪住博会特装施工／中国／2006 图1

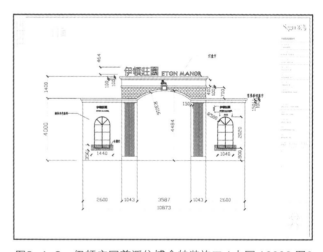

图2-4-3　伊顿庄园慈溪住博会特装施工／中国／2006 图2

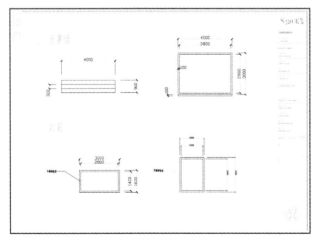

图2-4-4　伊顿庄园慈溪住博会施工／中国／2006 图3

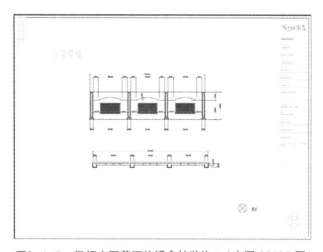

图2-4-5　伊顿庄园慈溪住博会特装施工／中国／2006 图4

慈溪房展伊顿庄园报价

序号	项目	规格及具体材料	单位	数量	单价	小计（元）	备注
1	地面处理	地毯，加厚办公地毯	m²	284	30	￥8 520.00	
2	四面背板墙体	木龙骨加阻燃板，涂料工艺，厚度150mm	m²	284	180	￥51 120.00	
3	进门门头	木龙骨加阻燃板，涂料工艺，厚度600mm	m	10	400	￥4 000.00	
4	罗马柱造型	定制罗马柱600宽，4.5m高	组	2	1400	￥2 800.00	
5	进门形象墙	木龙骨加阻燃板，涂料工艺，内打灯，厚度300mm	m²	12	220	￥2 640.00	
6	小沙盘	木龙骨，高密度板材料，喷漆工艺	组	4	950	￥3 800.00	
7	灯箱	木龙骨，阻燃板，不锈钢包边，内打灯。	m²	48	150	￥7 200.00	
8	接待台	木龙骨，高密度板材料，喷漆工艺	m	2.5	800	￥2 000.00	
12	美工	门头发光字	m	8	600	￥4 800.00	
		里面安迪板喷漆字	套	6	300	￥1 800.00	
21	灯具	金卤灯和筒灯，日光灯（租赁）	顶	1	1000	￥1 000.00	
	电工	电工材料费和安装费	m²	284	10	￥2 840.00	
24	筹撤展人工	布展（3天）和撤展（1天）	工	24	200	￥4 800.00	
	来回运输费（筹撤）	（来回两趟）	趟	4	500	￥2 000.00	
合计						￥99 320.00	
税金6%						￥5 959.00	
总金额：（含税）		设计带制作，免设计费，单设计费50/m²				￥105 279.00	

备注：工料费合计=1-16的小计之和，发票=工料费合计费用×税率，总金额=工料费和计费+运输费+发票费用+代交费用；

宁波××展览有限公司
Ningboxx Exhibition Co., 1td.
宁波市会展路xx号常年展示中心X楼xxx-xxx
电话：0574-xxxxxxxx
传真：0574-xxxxxxxx

案例分析3

北仑酒庄报价

图2-4-6　嘉贝北仑酒庄效果 / 周韶 / 中国 / 2011 图1

图2-4-7　嘉贝北仑酒庄效果 / 周韶/ 中国 / 2011 图2

图2-4-8　嘉贝北仑酒庄效果 / 周韶 / 中国 / 2011 图3

装饰工程预算书

序号	北仑酒庄		数量	单价（元）	合价（元）	其中			
						暂定主材	材料	人工	五金
A	展厅地面								
1	地面铺复古砖	m²	88.00	150.00	13 200				
2	沙子＋水泥	m²	88.00	25.00	2 200				
3	人工	m²	88.00	45.00	3 960				
4	小计				19 360				
B	展厅墙面								
1	墙面造型（木基础）	m²	65.80	220.00	14 476				
2	墙面表面造型处理	m²	80.00	180.00	14 400				
3	墙面涂料	m²	120.00	45.00	5 400				
4	小计				34 276				
C	吧台								
1	吧台（木基础＋大理石）	米	9.00	800.00	7 200				
2	小仓库墙面（10cm 轻质砖）	m²	17.50	65.00	1 138				
3	顶造型	m²	8.75	85.00	744				
4	仓库门	套	1.00	850.00	850				
5	小计				9 931				
D	展厅玻璃								
1	12 厘钢化玻璃	m²	25.00	165.00	4 125				
2	玻璃门（皇冠地弹簧）	只	2.00	180.00	360				
3	门夹	副	4.00	100.00	400				
4	拉手	副	2.00	180.00	360				
5	12 热弯钢化玻璃	m²	21.25	480.00	10 200				
6	小计				15 445				
E	展厅装饰								
1	顶部木龙骨造型	m²	24.00	120.00	2 880				
2	墙面酒瓶托架（半圆）	套	2.00	300.00	600				
3	墙面酒瓶托钉	个	192.00	25.00	4 800				
4	产品展示架	m	8.00	800.00	6 400				

续表

序号	北仑酒庄		数量	单价（元）	合价（元）	其中			
						暂定主材	材料	人工	五金
5	产品包装箱		甲方提供						
	人工	个	2.00	200.00	400.00				
6	小计				15 080				
F	展厅顶部处理								
1	顶部涂料	m²	120.00	12.00	1 440				
2	小计				1 440				
H	展厅用电								
1	电	m²	88.00	120.00	10 560				
2	人工	m²	88.00	35.00	3 080				
3	小计				13 640				
G	展厅道具								
1	道具	组	2.00	850.00	1 700				
2	展厅三角灯箱	组	4.00	250.00	1 000				
	小计				2 700.00				
J	其他								
1	材料进场运费	趟	6.00	180.00	1 080				
2	垃圾清理费	m²	88.00	6.00	528				
3	展厅保洁费	m²	88.00	6.00	528				
4	小计				2 136				
	合计				114 008				
	税金			10%	11 400				
	总计				125 408				
	以上报价不含沙发桌椅								

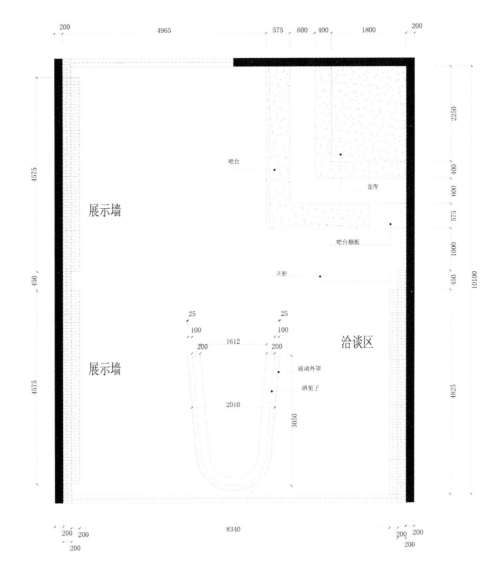

200　4965　575　600　400　1800　200

2250

4575

450

4575

展示墙

展示墙

吧台

仓库

吧台翻板

立柜

洽谈区

25　25

100　100

200　1612　200

玻璃外罩

2010　酒架子

3050

400

600

575

1000

450

10100

4825

8340

200　200　200　200

200　200

2. 展示工程时间和进度管理

会展布置是一项系统工程，需要将其分解成各个分任务，并确定各项工作、活动的先后顺序和每一项任务的完成工作时间，编制成工作进度表。

1）工作分解

工作分解是将会展布置工作分解成便于管理的具体活动，可分为任务、子任务和作业包三个层次。

会展布置可分为项目洽谈、现场勘测、方案设计、加工制作、内部预展、包装运输、现场布展、展出保障和撤馆清场等任务。

现场布展任务又可分为现场搬运、清理场地、电工铺线、地毯铺设、展架搭建、展品陈列、灯光照明、设备安装、器材撤离、场地清洁、竣工验收等子任务。设备安装子任务又可分为音响器材安装、影视设备安装等作业包。

2）工作说明

在工作分解的基础上，为了明确各项工作的内容和要求，必须对各项工作进行说明。

3）明确责任
4）工作顺序
5）进度安排

将各项工作落实到具体的人和部门；确定各项工作先后顺序和时间节点；以工作分解、工作说明、先后顺序、时间节点为依据，详细安排每项工作的起始和终止时间。

6）会展工程施工进度表编制

案例分析

法雷奥公司2013年上海车展特装

图2-4-9 法雷奥公司上海车展
特装展位 / 2013

项目：上海水展 DOW　　　日期：2013 年 5 月 6 日

标志号	任务名称	执行方
1		
2	准备工作	
3	展台报馆图纸绘制	爱图
4	电器设备报馆申请	爱图
5	展台设计方案最终确认	DOW
6	详细施工图纸绘制	爱图
7	确认施工图纸及产品摆放	DOW
8	礼仪小姐人选确认	DOW
9	特装报馆申请	爱图
10	报馆意见反馈及调整	爱图、DOW
11	空间制作及生产	执行方
12	施工周期	爱图
13	大结构制作	爱图
14	顶部LED灯结构制作	爱图
15	预搭建及验收	爱图 DOW
16	细节调整及修改	爱图
17	结构制作完成 油漆（防火板）工艺	爱图
18	成品验收（防火板、油漆、LED灯等）	爱图
19	包装	爱图
20	平面设计及制作	执行方
21	提供海报设计素材 A. 主画面海报（矢量风格）1张 B. 灯箱海报：CFT2张、UF2张、RO4张、树脂2张 C. 行业及案例海报：各1张 D. 产品组合海报：1张 E. 全球分布海报：1张 F. 你知道吗？礼品及调查问卷设计 G. 关键词 H. 概念海报	DOW
22	确认最终设计稿	DOW
23	核对画面尺寸	爱图
24	印刷制作	爱图
25	进馆搭建及准备	执行方
26	施工证办理及缴清相关费用	爱图
27	进馆物料装车	爱图
28	搭建	
29	进馆堆料	爱图
30	地台、背墙搭建，顶部Truss架组装	爱图
31	顶部LED灯及水管安装	爱图
32	铁结构搭建、LED灯调试、地面PVC	爱图
33	产品展示柜组装	爱图
34	线路电器安装	爱图
35	美工粘贴画面	爱图
36	各功能区细节处理	爱图
37	展台清洁	爱图
38	家具花草AV视频摆放调试到位	爱图
39	展览用电通电	展馆
40	设备仪器进馆（调试摆放到位）	DOW
41	展览资料宣传册（摆放到位）	DOW
42	展台整体效果调试矫正（灯光、画面、家具、花草等）	爱图
43	展台搭建完毕	爱图、DOW
44	开展维护及撤馆	执行方
45	开展值班维护、礼仪工作，现场保洁	爱图
46	设备仪器撤出展馆	爱图、DOW
47	展位拆卸	爱图
48	项目完成	爱图、DOW
49	VIDEO	执行方
50	42寸液晶电视VIDEO内容提供	DOW
51	3台Ipad内容提供	DOW
52	VIDEO到位后，顺序确定后，直接合成	爱图

时间信息节点：
- 第25行（进馆搭建及准备）：6月 1（周六）、2（周日）、3（周一）、4（周二）；3日分上午 8:30、下午 17:30；4日分上午 8:30、下午 20:00
- 第29行 进馆堆料：11:00-13:00
- 第30行 地台、背墙搭建，顶部Truss架组装：13:00-18:00
- 第32行 铁结构搭建、LED灯调试、地面PVC：8:30 / 22:00
- 第33行 产品展示柜组装：13:00 / 22:00
- 第34行 线路电器安装：11:00 / 22:00
- 第35行 美工粘贴画面：8:30 / 12:00
- 第36行 各功能区细节处理：14:00-18:30
- 第37行 展台清洁：18:30
- 第38行 家具花草AV视频摆放调试到位：18:00
- 第39行 展览用电通电：13:00
- 第40行 设备仪器进馆（调试摆放到位）：13:00 / 16:00
- 第41行 展览资料宣传册（摆放到位）：19:00
- 第42行 展台整体效果调试矫正：19:30
- 第43行 展台搭建完毕：20:00
- 第44行（开展维护及撤馆）：6月 5（周三）、6（周四）、7（周五）
- 第49行（VIDEO）：5月 10（周五）至 31（周五）

续表

53	物料清单	执行方	5月	20 周一	21 周二	22 周三	23 周四	24 周五	25 周六	26 周日	27 周一	28 周二	29 周三	30 周四	31 周五							
54	鲜花（接待台2组，吧台1组，会议桌1组）4组，小造型花5组	爱图																			
55	A1 吧椅(白色皮质吧椅)4只 A2 特制洽谈桌 3张 A3 特制洽谈沙发 9张 A6 42寸液晶电视 2台 A7 6门锁柜 1组 A8 不锈钢垃圾桶3个 A9 饮水机1个 A10 咖啡机1台 A11 名片盒2个 A12 DOW纸杯1000个 A14 衣架 1个 A15 资料架2个	DOW																			
56	垃圾袋若干	爱图																			
57	袋泡茶(绿茶2盒100小包，红茶2盒100小包，咖啡2包，搅拌勺若干)+纸巾、咖啡豆等，饮料；罐装的可乐，雪碧，盒装的橙汁，糖果和点心 perrier 天然矿泉水 330ml（2箱X24瓶)	爱图																			
58	吧椅(白色烤漆吧椅)8个、吧桌2个、会议桌椅1组(1桌10椅)、220升冰箱1组，货架1～2组	爱图																			
59	订书器2个、订书钉4盒、圆珠笔3只（带座）、剪刀2把、夹板3个	爱图																			
60	礼仪小姐3名（6月4日17:00到展馆，服装DOW提供）	爱图																			
61	IPAD3台	DOW																			
62	有机玻璃产品支架14个（7套，4英寸1套，8英寸2套，1.75英寸3套，3英寸1套）	爱图																			

备注：以上时间进度为正常操作时间。如有特殊情况，按具体情况作相应调整。　■ 及红色字体 为截止日期　　■ 为双休节假日　　■ 为执行时间段

实践任务六

▶▶ 课程概况

课题名称：某特装工程施工进度表编制

课题内容：制作某特装工程施工进度表

课题时间：2课时

训练目的：加深了解展示工程的时间和工程管理流程。

教学方式：综合已进行过的练习，以表格形式编制工程进度表。

教学要求：1. 以图表形式结合效果图，和施工图安排出展示工程的具体流程。

2. 不同阶段应该有各自的重点时间安排，尤其在工程进场时间、布展时间和撤展时间上做准确的布置。

3. 前期的准备工作时间如材料筹备和平面制作等也要留有充足时间。

作业评价：1. 工程进度时间上安排合理有效。

2. 表格制作内容清晰明确。

3. 人员分工合理，有效利用人力资源。

3. 展示工程质量管理

展示工程质量管理主要由展架、展台、道具制作质量，展板、背景墙制作质量以及现场布置质量等控制和检验工作组成。会展布置质量管理从道具、展板还未进入现场就已经开始，并贯穿于整个会展布置工作之中。

1）展台、道具制作质量的控制和检验。
展台、道具制作质量的控制和检验主要包括展架、展台、道具力学稳定性、形状和尺寸、表面装饰和色彩的控制。

① 展架、展台、道具力学稳定性的控制和检验。
会展活动大多是在人群拥挤的场合开展，所以会展布置必须保证观众和工作人员的安全。展台、展架、道具的设计、制作要考虑其安全性，符合结构力学原理，要注意受力均匀、支撑合理，以防坍塌。

② 展架、展台、道具形状和尺寸的控制和检验。
展架、展台、道具形状和尺寸必须符合设计要求，同时还要检验是否符合观众和工作人员的使用习惯，是否有利于工作人员运输、搬运和安装，是否与展品相互匹配。

③ 展架、展台、道具表面装饰和色彩的控制和检验。
展架、展台、道具表面装饰和色彩由于受到加工工艺、原材料和环境等因素影响较多，必须从原材料采购开始，严格按照设计要求进行加工和制作，防止变色和色差，并对加工制作完成的物体表面进行适当的保护。

2）展板、背景墙制作质量控制。
① 展板、背景墙内容审核。
展板、背景墙是会展活动中用于传播信息的重要手段，其内容正确与否，关系到信息传播的效果，对会展活动的顺利举办起着重要作用。必须对版面的文字内容进行逐字逐句的检查，对版面的图片进行逐幅的审核，确保万无一失，编排必须得到客户的确认。

② 展板、背景墙不同画面相互衔接处的质量控制。
同时版面内容的设计和现代会展活动展板和背景墙越来越大，而喷绘和写真由于受到设备的限制，画面的宽度有限，只能将一整张画面分割成几个部分，分别来完成。因此必须严格控制画面拼缝处的质量，以保证由不同画面能天衣无缝地拼成整张大的画面。首先，清点画面的张数，不能缺少；其次，检查相邻画面图案和文字，可重叠5~10mm画面，以保证两张画面拼接后不露白边；最后，检查相邻画面的色彩，不能出现色差现象。

③ 展板、背景墙框架质量控制。
框架是展板、背景墙的骨架，是保证版面质量的基础。写真展板的底板必须严格保证其尺寸、表面平整度及边框装饰与画面完全匹配。喷绘背景墙框架的形状、尺寸以及连接方法必须和画面一致。

主场搭建必须严格按照会展主办者审定的展台平面图标定尺寸、位置和展台数量搭建，如有变化，必须经主办者同意后，才能进行变更。主办者承担会展活动的会标牌、门楼、观众入口处、指示系统、动力系统、开闭幕式等布置工作以及一些参展商特殊用电、用气、用水需求。

特装施工质量基本知识点

1）地面常用结构有：木质地台、发光地台、地面地毯、地面地板、发光玻璃地台、仿真草皮地庄、地面地砖铺设、木质地台上铺地毯。
① 木质地台基本上是下有1m×2.2m×10cm的地台框架，然后上铺12厘板，最后铺设地毯或地板等。
② 发光地台一般是先用铁架做框架，下边装日光灯管上铺乳白胶片，根据要求可裱上透光喷绘，最上层为玻璃。厚度为12cm~15cm，可根据受力面大小而定。内打灯光一定要均匀而且透光性强。
③ 地板要求平整，拼缝处加胶，无开裂，无鼓包。
④ 地板拼缝力求最小，不要平面滑动。
⑤ 玻璃地台拼缝紧凑，无滑动，另外表面要干净。

2）板场结构造型：单面墙又称单包墙、双面墙（双包墙），表面修饰常用：涂料、防火板、贴纸。

工艺要求：

所为单面墙就是墙板的一个面刷涂料或贴防火板，双面墙是两面刷涂料或贴防火板。许多展馆规定，靠通道的一面展位，不可做单面板墙，以免影响整体美观。

① 刷涂料材质最好用高密度板做底材。单面墙，一般用5厘板做底材，然后贴防火板，防火板起包主要和温度或者是胶刷的不匀有关。

② 木结构板墙中间夹层有木龙骨。可根据墙的高矮大小定龙骨的大小薄厚，一般龙骨大小都在30cm见方，如果墙面低、且不受力，可做40~50cm见方的木龙骨。

③ 如果需要做支撑作用。板墙需要考虑增加龙骨密度及封面板厚度，也可采用铁龙骨或钢管受力，再贴防火板成刷涂料。

④ 防火板的接缝要求平整。拼口力求最小、均匀、视觉舒服，并且无鼓包现象。拼缝最好在贴完后用腻子粉腻一下。

⑤ 涂料要求整体颜色一致，无裂纹，表面平整均匀无杂色。

3）绷布造型

① 绷布最好绷一些防火系数高的。弹力布已基本禁用，绷布造型常用的有网格布、宝田布。

② 绷布工艺要求：绷布平整，无皱纹，枪钉要牢固。无起口，尽量不要拼接。

4）铁架结构

铁架结构扎实平稳，支撑结构合理，尽量不使用场馆设施吊挂，造型安全，喷漆均匀，美观。

5）玻确材质使用

① 整块玻璃的高度不能超过2.5m，宽为1.2~1.5m. 如果太高尽量使用钢化玻璃，厚度不能小于10cm厚，洽谈区玻璃最好用磨砂装饰，防止误撞。

② 注意材料的搭配，在使用透明有机玻璃装饰摊位时，要注意有机玻璃不好清洁的特性，容易变花。越擦划痕越重，最好不要单独使用，可以上裱喷绘画面。

阳光板在高档的摊位要慎用，但特殊的质感可以营造特殊的氛围，对其剪裁要求平整。

4. 展示工程安全和风险管理

1）展示工程安全

作为经济贸易桥梁和载体的我国展览业，近年来，在每个省会城市及其他大中城市举办各类博览会、展销会层出不穷、如火如荼。但由于展览业在中国是一个新兴行业，构建展览业软件系统的从展览组织者、管理者到提供各类服务的人员，总体素质不高。目前的从业人员中，管理层大多是行政配备，半路出家；会展设计人员多是由其他专业转行而来；工程、制作、施工人员则是来自各行各业，尚未形成展览业的专业队伍，由此引发的展会安全隐患是多方面的，如何防范展会安全隐患是摆在我们面前的首要问题。

展会摊位布局不合理存在的安全隐患

根据大量火灾案例提供的教训，公共场所火灾造成人员群死群伤几乎全部与建筑物安全通道堵塞或安全门无法正常开启有关。

① 安全通道：布展时应留有足够宽度的安全通道，且通道要顺直，避免弯曲转折；同一通道不宜出现宽与高的差别，通道应形成双向疏散功能，并尽量环行。

在紧急情况下，人们很难在进行正确判断后再选择疏散方向，因此，通道双向疏散和环行非常重要。通道的变化容易造成人员的拥挤或跌倒，宽敞顺直的通道便于人员的疏散和消防车辆的进入。

② 安全设施：布置展位不应影响消防设施功能的正常发挥，尤其是安全门、卷帘门，消防箱等安全设施。

展会通道与展馆安全门的相对位置应简单明了，安全门、消防器材在紧急情况下能够打开正常使用。

《中华人民共和国消防法》第二十一条中明确规定："任何单位、个人不得损坏或者擅自挪用、拆除、停用消防设施、器材，不得埋压、圈占消火栓，不得占用防火间距，不得堵塞消防通道。"

解决和防范展会摊位布局中的安全隐患
① 要加强对展会人员、展馆员工的消防安全知识的宣传教育，使他们熟悉消防常识，掌握本岗位操作的消防技能。

② 要定期检查、维修、保养展馆的消防设施和器材，确保完好有效。

③ 展会期间从布展到撤展要有专人负责值班、巡视，发现事故"苗头"要及时阻止、排除。

展会安全用电是安全生产的一项重要工作，而展会在用电方面仍存在着诸多安全隐患，例如：
① 临时用电线路不固定；
② 灯具安装不合理；
③ 有的摊位私自乱接电源；
④ 特装摊位特殊用电超负荷等。

解决和防范展会用电中的安全隐患：
① 布展时加强现场管理，对各参展商所使用的电源和照明设备严格遵守安全用电规程进行操作，并设专人负责监管。

② 对不具备电工资格的人员不得进场操作用电，要求电工人员持证上岗。

③ 建立严格的惩罚制度。

④ 展览中心（馆）要与各布展施工单位签订消防安全责任书。

展会展台设计中的安全隐患
目前，从事展台设计的人员大多是从艺术设计学院毕业，他们往往注重追求展台的新颖和独特、美观，而对展台的结构和力学情况了解较少，在设计中对展台的安全性考虑得较少，缺乏重视。由于展台结构不合理而导致展台坍塌，不仅会直接造成人员伤亡和经济损失，影响展台的正常进行，还有可能造成展台漏电，发生用电事故或引发火灾。

展台现场安全的核心是展出期间的安全性，但此时展台设计人员和制作人员又不在现场，有些事故"苗子"得不到及时的发现和阻止，这就有可能引发因展台坍塌而伤人的事故。有时候，展台设计制作安全性都已考虑了，但由于展示现场的变化以及参展者意图的改变，如为超过周围竞争对手而随意增加展台高度等，这些都为展台的安全性埋下了隐患。

解决和防范展会展台设计中的安全隐患
① 安全生产管理部门和消防部门要制订《展台设计制作安全标准》，使得参展商、设计公司、展馆等各方都有法可依、有章可循。

② 加强对展会设计、展馆管理人员的展台安全知识培训和业务考核。近年来，展协每年举办的1~2次行业高峰讨论会，这很有意义。在专业知识方面也可以举办讲座班，提高展览队伍人员的业务素质。

③ 安全管理部门和消防部门要加强对展会展台效果图、结构图进行严格的审查，对那些达不到展台设计制作安全标准的公司及时进行清理和整改，这样才能保证展台设计的安全可靠。

展台搭建及材料存在的安全隐患
从事展台搭建的企业成分复杂，其中，既有建筑设计公司、家居装饰公司、广告公司、展览服务公司，又有展览展示公司、展览工程公司、建筑公司，还有参展商自搭自建。搭建商搭建展台的依据是效果图，对于结构材料的选择和节点的连接依靠的是经验，甚至是其他因素。对于搭建完成的展台是否安全，比如说，展台在进行结构计算时如何计取负载；展台搭建材料应符合怎样的防火标准；展台电气工程合格的标准是什么；怎样的展台才是合格的展台等，许多设计人员不知道，搭建人员也无法提供展台安全的证据。甚至还有那些制作公司的经理们为了降低展位制作成本，会采用一些劣质的搭建材料，这些都为展台的安全埋下了隐患。

解决和防范因展台搭建及使用材料产生安全隐患
① 加强对展台搭建公司的审查与管理。展览中心（馆）对具有实力、施工规范的设计和搭建公司进行资格审查，向参展商进行宣传和推荐。对于不具备搭建能力的公司，严禁进场施工。展览场所对施工现场派专职人员进行监督，严格控制展台搭建材料，要求使

用不锈钢、铝合金、防火板等不燃性材料，使其燃烧性能达到不燃或难燃标准，是有效降低火灾的办法。

② 开展之前，展览中心（馆）要提前申请消防安全管理部门对展会进行消防安全检查。展台安全方面重点检查：材料规格、连接节点、材料的防火性能。并对消防通道、消防器材、电气工程施工质量、电路、电线、用电负载进行全面的检查，根据消防部门的要求及时整改。

③ 展览中心（馆）要与承办方签订消防安全责任书，分清各自的责任。

④ 展览中心（馆）对每次展会都要制订详细的消防安全方案。

展会具有临时性、短期性的特点。布展、展出、撤展时间都较短，展商参展的目的主要是为了宣传企业的形象、销售企业产品，展示是手段，销售才是目的。他们主要的精力和资金是放在展台的外观形象的设计与制作上，对于展位安全性则考虑较少。而展会活动一般在人员聚集的场馆举行，必须高度重视展会活动各类设施的安全性和可靠性，它关系到展会工作人员、观众的生命安全。党和国家领导人曾多次强调："防范胜于救灾，安全重于泰山。"展会安全涉及公共安全，责任重大，在每次举办展会期间，展览场所与主办单位、参展商之间要密切协作，积极配合，杜绝各类事故的发生，才是展会的首要工作。

2）展示工程风险管理

随着我国会展业的高速发展，全国各地会议中心、展览中心如雨后春笋般拔地而起，会议、展览和大型节庆活动项目一个接着一个。在会展行业蓬勃发展的时候，会展安全问题严峻地摆在人们面前。

会议、展览、大型节庆活动的最大的特点是人流量大，人群密度大，受关注程度高。从某种程度上说，这是衡量活动成功的重要标志。然而也正是由于这些特点，自它诞生以来就不可避免地会使人关注到活动的安全问题。各种突发事件，如流行性疾病、自然灾害、人为破坏、突发性的伤亡事故等随时可能发生，这些突发事件不仅仅能导致会展的延期或夭折，更重要的是它将带来不可预见的极其严重的后果，造成轰动社会的影响。就拿世界上参与人数最多、规模最大的奥运会来说，任何事故，小到运动员比赛跌倒受伤，大到突然大面积停电、恐怖枪杀、爆炸等，它所带来的影响力都是全球性的。

在国内，会展业发展所面临的危机也有很大一部分来自安全风险。2003年的"非典"使正处于蓬勃发展的会展业面临灭顶之灾，多个大型展会和节庆活动或被取消，或缩短会期，或门庭冷落，犹如给热气腾腾的新兴行业浇了一盆冷水。其实，这未尝不是件好事，它把人们从狂热的兴奋中拉回到现实，无论是政府，还是会展企业、专家学者都开始反思，虽然会展业好像在城市上空开着"飞机"撒钱，但还是存在"飞机"出故障或因"天气变化"而掉下来的风险。"飞机故障"和"天气变化"都是风险，所以在事前就要进行检查维护，要进行预测规避，使得这架会撒钱的"飞机"能够安全地在天空中翱翔。会议、展览和大型活动的风险与安全事故不仅仅表现在一些特大型事件，也包括林林总总的其他情况，如：

① 啤酒节中，出现喝醉的游客斗殴事件。

② 奥运会期间突然停电或通信中断。

③ 歌星、体育明星或电影明星出席的大型演出上，发生观众拥挤摔倒的情况。

④ 在婚礼宴会中发生食物中毒，客人被紧急送入医院。

⑤ 歌舞晚会时，舞台突然坍塌，造成演员或者观众受伤。

⑥ 会议室突然电线短路，发生火灾，造成人员伤亡。

⑦ 排水系统出了故障，造成污水四溢。

⑧ 会议室或通道的地板太滑，导致参会者摔倒受伤。

⑨ 大型演唱会上，不同偶像的歌迷发生冲突，并集体斗殴。

⑩ 在球赛场地上，球迷发生骚乱。

以上这些现象在展会活动过程中都不难遇到，但如果事态严重的话，非常容易带来人员的伤亡，甚至造成群死群伤的恶性事故。

会展和大型节事活动的风险和安全管理不仅对避免人员伤亡，保证会议正常进行有重要意义，还对促进当地的会展业的发展有着重要的推动作用。我们知道，一个展览、会议或大型节事活动在选择举办地时，很重要的一个方面是其安全环境，该城市或该地区能否提供足够的安全保障，能否有效地规避可能遇到的风险，在以往的活动过程中是否发生过安全事件，当地发生自然灾害的频率如何，当地的社会治安状况如何，等等，所有这些考察内容都与风险规避有关，如果某个地区在这方面有优势，则对于会展业的发展自然会产生促进作用。考察一些会展业发达的城市，如德国的汉诺威、杜塞尔多夫和慕尼黑，法国的巴黎，新加坡，中国香港地区等地，这些城市可能不是经济最发达的地方，但却无可否认是安全事故发生频率很低的地区，良好的自然环境以及严密的安全管理，使得它们成为会展城市中的佼佼者。因此，会展和大型节事活动的安全和风险管理对于推动行业的发展，提高城市形象有着重要的意义。

场馆的风险管理是一个系统工程。它包含风险识别、衡量、评估、实施、控制和效果评价等诸多环节，每一个环节都是风险管理不可或缺的组成部分。同时，场馆和场地风险管理还需要考虑会展和大型活动的性质和内容。各类活动所要关注的安全防范重点是不同的，因此作为场馆或场地的风险管理者，要深入了解会展和大型活动的性质和内容，按照风险管理的程序，有计划、有步骤地进行全面的安全管理策划和控制。在会展及大型活动的场馆和场地风险管理过程中，还须特别注意防止以下容易犯的错误：

① 场馆内所采取的技术安全防范薄弱。

在场馆开始建设时，设计、施工、管理等部门就对展馆内部安全管理考虑不全，例如，电子监控设施只是集中安装在各展馆的出入口、楼梯通道和会展中心广场上，展馆内部各展区没有监控设备，在技防上存在

安全盲区，无法实现展馆整体的技术监控防范。因此，场馆的安全管理应从场馆的设计施工开始，要强化对各展馆内部区域的防火防盗等安全监控能力，形成完整的电子监控网络。

② 主观臆断，不按科学方法对风险进行预测和评估。

当风险管理者缺乏系统的风险管理知识时，他们往往是拍着脑袋决策，或者只是凭借以往的经验进行简单的决策，不能针对政治环境和科学技术的变化而采取科学的方法对场馆的风险进行预测、评估和控制。

③ 风险管理只注重某些方面，而忽视其他方面。

不少场馆风险管理者在谈到场馆风险管理时较多注意的是火灾风险、人群风险等，往往会忽视其他的一些风险，如偷盗风险、疾病风险等。另外，场馆风险管理者过于强调宏观风险的控制，而不重视细节方面的处理，香港警方在世界贸易组织会议期间的做法非常值得借鉴。

对于偷盗风险，一般可以采用以下措施：一是加强现场广播宣传。在展馆现场通过广播滚动宣传，提醒参展客商提高防盗意识，随时保管好自己财物。二是警示提醒。制作警示提醒语，张贴在参展客商展台上；或制作安全防范宣传资料，逐一发放给参展客商，提醒参展客商做好安全防范工作。三是对贵重物品集中保管或登记造册。由组委会出面，对参展商展出或使用的贵重物品提交组委会集中保管。对于特别贵重的物品，要加派人手看管，同时加强巡逻、侦察，有针对性地做好防范、打击工作。四是安装金属的电脑防盗链。通过登记造册，掌握使用电脑客商的数量，主动上门服务，提供金属的电脑防盗链或制作电脑使用专用台桌，把电脑和台桌固定起来。五是现场巡逻督促。加强现场巡逻，边开展安全防范宣传教育，边督促提醒参展客商自觉保管好自己的财物，防止被盗或丢失，确保随身携带重要物品的安全。

④ 不作经验总结，把偶然的运气当作永远的福气。

俗话说，失败是成功之母，然而真正使得事情成功的是不断地总结经验，从失败中总结，也从成功中积累，

只有不断地总结学习才能使得个人和组织的风险管理意识和手段得以提高。即使这次活动没有风险事故发生，并不表示将来没有，或许会展场馆孕育着一个更大的风险，所以，不要认为没有风险就可万事大吉，而是要密切关注每一个细小的环节，防患于未然。

⑤ 职责不清，出现风险时手足无措。

会展和大型活动举办时，最容易出现的风险管理问题就是职责不清，特别是当风险真正出现，人们惶恐无措时，如果没有一个责任明确的安全管理队伍出现，极容易出现更大的恐慌和混乱，其带来的影响不堪设想。因此在会展和大型活动现场一定要组建一支职责明晰、行动迅速、工作高效的专业化安全管理队伍。

第二章 项目与实训

第五节　综合实训周

1. 概论

结合当地的一次会展活动，组织展示班的全体学生进行为期一周的实训。结合展示材料与展示工程的理论知识到现场观摩某个展会施工单位从入场到布展及撤展的整个流程。该课程是在学生学习立体与空间构成、电脑辅助设计、会展概论后，与会展空间设计、卖场环境设计等专业核心课程同步的一个理论实际相结合的一门课程。也是学生学习展示工程制作、搭建、现场施工管理的技能课程。

2. 课程标准

1）目标总述：

通过学习与实地见习，使学生了解和掌握有关各类展示工程的制作施工规则、流程以及常用工艺、设备的具体制作方法，并能灵活应用于具体工程案例实施与管理。

2）具体目标：

本课程的重点是让学生了解各类展示工程的制作施工规则、流程、现场施工管理条例并清晰地了解展示工程的制作施工特殊性，展台搭建的多种工艺、设备的具体操作方法等。

3）实训内容：掌握展示工程常识

① 知识内容及要求：

 a. 展示工程的特征

 b. 展览展示工程的施工规则

 c. 展示工程技术与管理要点

② 技能内容及要求：

 a. 企业临岗位培训

 b. 实训前期各项准备

4）标准展位与变形搭建

① 知识内容及要求：

 a. 标准展位构件式展具特征

 b. 标准展位搭建流程

 c. 标准展位变形部位和联排布展规律

② 技能内容及要求：

 a. 现场规划与画线

 b. 地毯与保护膜铺装

 c. 铝材配放与搭建

 d. 楣板安装

 e. 接待台、洽谈桌、基本灯具配装

5）标准展位与变形搭建

① 知识内容及要求：

 a. 场馆与现场的熟悉了解

 b. 方案图纸的确认

 c. 材料选择与前期制作

 d. 搭建施工和现场布展

 e. 调整完工与开展验收

 f. 展期维护

 g. 撤展与拆卸

 h. 展后总结和评估

② 技能内容及要求：

 a. 展台地坪与地台搭建

 b. 展示施工的脚手架、桁架、展架搭建

 c. 电路管线铺设

 d. 灯光与照明安装

 e. 电动、声响、可视屏幕与多媒体应用

 f. 陈列与道具摆设

 g. 其他特殊安装与调试

本课程考核要求结合实操表现、观摩见习，收集图文资料，最终分析整理编辑为某具体特装工程案例的实训报告书（含工程设计图、材料选配、日程进度记录、搭建工艺、维护与撤展等），经总结课程上台演示，综合评定学生成绩。

常识教学与总结演示可以安排在学校教室进行，其余实训过程全程在会展中心和工程现场进行。其目的为了实施贯彻教、学、做一体，学习中鼓励学生勤于动手、认真观察、细致记录、及时总结等良好习惯。

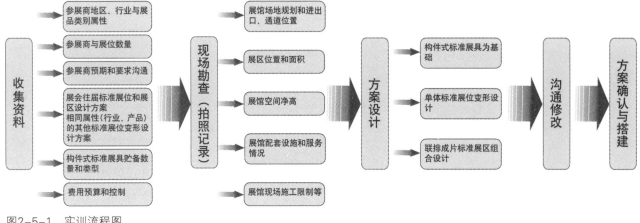

图2-5-1　实训流程图

收集资料
- 参展商地区、行业与展品类别属性
- 参展商与展位数量
- 参展商预期和要求沟通
- 展会往届标准展位和展区设计方案相同属性（行业、产品）的其他标准展位变形设计方案
- 构件式标准展具贮备数量和类型
- 费用预算和控制

现场勘查（拍照记录）
- 展馆场地规划和进出口、通道位置
- 展区位置和面积
- 展馆空间净高
- 展馆配套设施和服务情况
- 展馆现场施工限制等

方案设计
- 构件式标准展具为基础
- 单体标准展位变形设计
- 联排成片标准展区组合设计

沟通修改

方案确认与搭建

第二章　项目与实训

图2-5-2　实训-图纸分析 / 2013

图2-5-3　实训-项目经理对学生培训 / 2013

图2-5-4　实训-展位细节观摩 / 2013

图2-5-5　实训-涂料体验 / 2013

图2-5-6　实训-现场观摩 / 2013

图2-5-7　实训-听取施工人员经验介绍 / 2013

第三章
展示工程案例分析

第一节　国外展示材料应用优秀案例

案例分析1

第三章　展示工程案例分析

图3-1-1　克莱斯勒-莱比锡车展展位/ 德国/ 2005

案例分析2

Aces将自己定位为工程经理和复杂工程的合伙人。他可以为展会，商店及展示屋提供独特的3D解决方案。

移动的"面纱"由展台上方独特的灯心绒线组成。一方面，它形成了一面透明的墙；另一方面，它在5个立方体的周围形成了透明的房间。这些皮革覆盖的立方体胜过这家公司5个中心展台的任何一个。方案和资格证书的样本可以通过一个移动的看片器来观看，狭窄的展区边缘由一些皮质材料围绕。

由于空间分隔是不停地移动的，参观者会发现自己或在一个能感受整个展会的开放空间里，或进入了一个私人的小房间。

图3-1-2 Aces零售业展览会特装／杜塞尔多夫／2005

[WIDE]BAND是2006年西部边缘设计挑战中的竞赛作品，是一个约60平方米的设施设计。在比赛中使用一些独特及富有AII意的方法，将多种产品混合展示，营造出一种非比寻常的效果。向主办商的材料提供一种静态的主题展示，设计师掌握了产品特性，因而在设计中营造出一种环境——一个多功能于一身的空间。在那里，会议参加者可以收发电邮、坐着聊天、休息，或是片刻小憩。同时也是一个商议的空间、鼓励、激发人们之间的互动。

[WIDE]BAND的名字，是从平面以及宽频技术支援以无线网路登入所形成的物理圈而得来的。设计理念的关键在于一张可以跨越不同高度景观平台的巨型桌，并要营造出统一的元素。墙面、地板、天花线圈在空间折叠，缠绕至巨型桌，然后天线由后穿过，螺旋式穿过透亮的景观，成为空间正中央的焦点。空间的飞跃必须踏步平台之上，漫步走过光亮的透明镶板抑或是在粗糙的"三维装饰板"上观看。

第三章 展示工程案例分析

图3-1-3 [WIDE]BAND展位 / 洛杉矶 / 2006

桌子把空间平分，但它也是人们之间互动的纽带。桌子跨过平台，越过水泥地板，在一片橘色透明镶板海洋的空间内达到顶峰。前面设置着三面凹透镜。从外观望，室内的线圈变得怪异，但同时也增强了线圈越过平台围绕巨桌的动感。

线圈由3种材料组成：名为"Pep"的3/4聚碳酸酯纤维核心镶板，一个名字"Ting Ting"的3/4环保型树脂以及陶瓷砖。三种材料相辅相成，缠绕一起。地板上的瓷砖随意铺砌，形成三维图案。地板材料不一定是专为这种瓷砖而设，但它环形的反射从一个典型的二维平面，穿过地板，射在变幻无穷的景观和图形之上，成为环形"Pep"镶板的可视迎接处。这个3/4的镶板横过一个轻巧的钢架并向外延伸，成为一个超薄的平面。从不同的位置被照亮，橘色便呈现出多样的色彩：从黄色到橙色、浅红到深红色，这一系列的渐变营造出一个多层次空间。淡绿色的瓷砖从地面铺砌到墙面上，反射着线圈上的光，倒映着来来往往的人影。因材料结构的原因，设计师将其拉长伸展、折叠，并穿入线圈之中。

案例分析4

O₂汉诺威通过对CI色彩中白色和蓝色的使用。将以往展会中清晰明朗的设计风格延续到了本次展会中。这次作为展厅屋顶的"媒体云"，取代了以往大大限制和约束展厅设计的平面视线。事实上，"媒体云"有1 000平方米之大，是世界上最大的彩色屏幕。它由28 000个塑料管组成。每个塑料管之间间隔为20cm。这些塑料管的长度有所不同（从而造成波浪的形状，外观上看像云朵）。并且其高度一般在参观者头部以上3m到4m处。三原色灯光二极管由中央电脑控制，变化不同的造型，使人进入一个媒体交流的世界。

在展厅内，休息间布置得更加精美：在桌子上展示有各种新焦点的最新的产品，还有吧台、立方体座位，并且不同的区域里还有躺椅。中轴线连接着各个服务点：商务休闲区在建筑后面的底层，而餐厅却坐落在上层，从那里可以将整个展厅一览无余。

图3-1-4　O₂汉诺威工业博览会展位/ 德国/ 2005

第二节 国内展示材料应用优秀案例

案例分析1

2005年格兰仕的销售主要针对国外市场，在本次广交会的展位设计上，采用了集装箱叠加的结构造型。寓意其企业的强大实力，产品出口遍及全球各个国家和地区。

在展示材料上，设计师大胆地利用废弃集装箱的外壳进行改装，利用其本身的集装箱竖条纹，涂上当时的主打产品颜色"中国红"作为主创意，可谓别具一

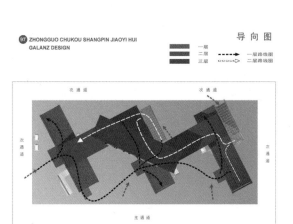

图3-2-1　格兰仕广交会特装展位/ 天广联展览/ 广州/ 2005

格。与外形粗犷的风格相比较，内部使用温馨的白色和木纹饰面。内外的强烈对比使得整个展位在场馆中脱颖而出，使之成为全场的焦点。

案例分析2

2013年车展，上海通用汽车旗下三大品牌均以创意新颖的全新展台亮相，为观众带来与众不同的观展体验。别克展台以全新Riviera别克"未来"概念车设计语言为构想基础，造型大气流畅，主结构内部嵌入LED屏幕环绕整个展台，凸显别克展台的科技感。别克双层展区中，由别克高档旗舰轿车全新君越领衔的别克三大产品线全系车型共同彰显别克品牌在"欧美科技、创新体验"战略下的出众产品实力和在各自细分市场高端的领军地位。此外，别克展台还开辟了BIP别克智能驾乘体系互动体验区、别克品牌历史文化体验区和"别克关怀"售后服务体验区，观众可现场领略别克领先市场的产品科技与优质服务，切实感受别克在全新发展时期为消费者倾力打造的"创新体验"。

图3-2-2　通用车展特装/上海/2013

第三节　学生优秀设计案例与分析

图3-3-1　新秀丽特装展位效果图 / 陈佳佳 / 宁波 / 2013

该作品利用箱包的形态作为作为主结构的造型，独特新颖。整体使用木结构搭建，二层支撑结构合理，说明学生对工程结构的安全性做了充分考虑。外立面刷果绿色和白色乳胶漆，聚散渐变的节奏感与相互呼应的美感。而展位内部的墙体，则使用了浅灰色调的水泥板饰面，水泥粗糙的质感凸显出了箱包细致的做工与高端的品质。

图3-3-2　欧司朗特装展位效果图 / 山思颖 / 宁波 / 2013

该作品设计方案的选题是灯光照明展，并结合科技能量，突显特种光源的展示和参观者之间的互动。整体结构为木结构造型，用钢筋龙骨支架支撑，外立面为白色涂料。运用了LED显示屏等多媒体展示手段。展位侧面运用到发光灯带。地面材质为白色地胶。LOGO材质为亚克力发光字。海报较多地用了发光灯箱。该设计最大的特点是利用了产品本身作为光源的特性，来替代其他部分灯光照明。整体材质运用较多，但搭配合理、统一。

该作品外墙使用六边形的蜂窝造型，整体外观巧妙而不失大气，构思大胆。但该学生未能考虑其制作工艺的难度，近300多㎡的整体造型不但在工厂制作阶段不易实现，而且在现场拼装都很有难度。在展示设计的学习过程中，除了学习美观的造型设计造型外，我们还更应该注重工艺的可实施性和成本的控制。所以该设计方案在现实中存在制作成本高，施工时间长和施工工艺难的问题。

图3-3-3 TOTO卫浴特装效果图 /赵舒弦 / 宁波/2012

这次惠达卫浴在2013年中国国际厨房、卫浴设施展览会的展位是一个10m×30m的全面开口的展台，此次厨卫展惠达的展厅位于W1号馆-B37，面积300m²，从位置和规模的角度，都是卫浴企业当中的佼佼者。

整体色调采用冷白与湖蓝，凸显卫浴清新与干净的气息。设计的灵感来源于海浪，在外形上提取了海浪的自由奔放的形态，将其简化成波浪纹，再以木结构与软膜天花的交错相间，配合自发光灯带，层次分明，重峦叠嶂的感觉营造了美轮美奂的视觉冲击。而海浪永远向前，一浪高过一浪的精神正与惠达卫浴致力向前的企业精神不谋而合。在内部打造了以"S"型为基型的产品展示区，采用半封闭的围合形式充分展示产品，利用珠帘若隐若现的视觉效果吸引参观者。而在花洒展示区，则巧妙地结合了外形海浪的自然弯曲，再配以破裂玻璃与马赛克的强强联合，打造视觉冲击，充分衬托产品。洽谈区、多媒体放映区与储藏间三者结合设计在展位的左侧，以不规则几何的硬朗线条配合波澜起伏的海浪外型，刚柔并济，层次分明，另外在侧面又打造了醒目的LOGO，充分利用了展位的空间位置，从而达到品牌宣传的效果。而接待台的设计更是紧紧与品牌LOGO相结合，醒目地放置在展台的外面，足以吸引参观者的眼球。

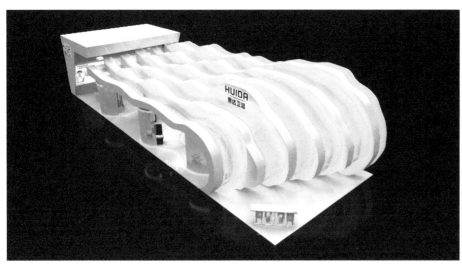

图3-3-4　惠达卫浴特装效果图 / 吕永永/ 宁波 / 2012

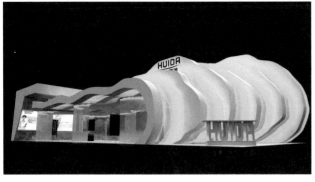

图3-3-5　佳能特装展台设计/ 王珠玉/ 宁波/2013

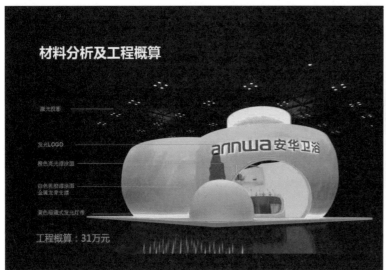
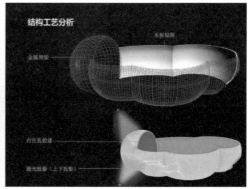

图3-3-6　安华卫浴特装展台设计 / 郏冰晗/ 宁波/2013

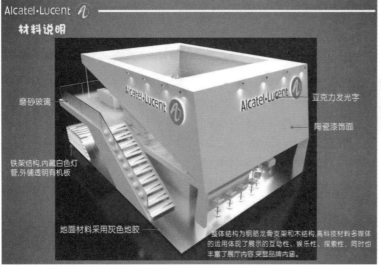

图3-3-7　阿尔卡特特装展台设计 / 山思颖/ 宁波/2012

参考文献和网站信息

［1］陆金生. 展览材料与工艺［M］. 北京：高等教育出版社，2008
［2］张路光. 展示设计与材料运用［M］. 天津：天津大学出版社，2011
［3］李远. 展示设计与材料［M］. 北京：中国轻工业出版社，2010
［4］陆立颖. 建筑装饰材料与施工工艺［M］. 北京：中国出版集团，2011
［5］安晓波. 展示空间分析与结构设计［M］. 上海：上海交通大学出版社，2011
［6］大卫·德尼. 英国展示设计高级教程［M］. 上海：上海人民美术出版社，2008
［7］陆金生. 会展布置技术［M］. 上海：格致出版社，上海人民出版社，2008
［8］百万瓦特展览设计论坛
    http：//www.mwmw.cn
［9］设计兵团展览论坛
    http：//www.d7w.net
［10］中国展示论坛
    http：//www.zhanshi.com.cn
［11］中国展览学院
    http：//www.messebbs.com
［12］国际会展论坛
    http：//bbs.chn-expo.com